中国海軍vs.海上自衛隊

すでに海軍力は逆転している

米国シンクタンクCSBA上席研究員
トシ・ヨシハラ 著

元海将／第32代海上幕僚長
武居智久 監訳

Dragon Against The Sun

ビジネス社

日本語版の刊行によせて

本書は、私が10年以上前に中国の軍事力の増大について予測したことから生まれたものである。私は多くの米国の国家安全保障コミュニティの人々とともに、中国の軍事力の急増がアジアの戦略的バランスを覆すと予想した。

その後、中国の急速な台頭を追ううちに、日本が国力の重要な指標において中国に遅れをとりつつあるという憂慮すべき傾向が見えてきた。特に中国が日本を追い越していく中で、日中間で国防費と軍事力の差が拡大していることに危機感を抱いた。中国が軍事近代化を加速させる一方で日本がそれに追いつけなければ、アジアの安全保障に大きな影響を及ぼすと確信するに至った。

2010年代初頭までに、人民解放軍は米国および同盟国が中国周辺部で行うであろう軍事作戦を複雑にするために強大な軍事力を集結していた。人民解放軍は、米国の地域戦略の作戦基盤を損なうように設計された艦船、航空機、潜水艦、陸上配備型ミサイルの配備を進めた。これは米国防総省の用語で「接近阻止・領域拒否（A2／AD）」能力と呼ばれるようになった。国防計画担当者にとって、中国のA2／AD兵器が米国のアジアへの戦力投射能力を危険にさらす意図を持っていることは明らかだった。抑止が失敗した場合、人民解放軍は米空母や地域の前方展開基地などの重要な標的を狙う。それなくしては米国政府が安全保障上のコミットメントを果たすことが困難になるとも予想された。

私は2012年から2015年にかけて中国に対する日本に関する数本の論文を発表し、日本は中国を見習って独自のA2／AD戦略を展開すべきであると主張した。その目的は、敵対行為が発生した場合に人民解放軍にコストを課し、中国軍の作戦目的を否定することであった。日本のA2／AD戦略によって人民解放軍の形勢を逆転させることで、自衛隊は中国の戦争計画を複雑にできる。また戦争目的を達成する能力を持っているという中国政府の自信を損なうことが可能となる。もし日本の接近拒否の態勢が中国の政治家や指揮官の心に疑念を抱かせることになれば、中国は侵略に賭ける気持ちを弱めるだろう。それによって日本の抑止力が強化されるかもしれないのだ。

このような接近拒否のアプローチを主張した背景には2つの要因がある。

第1は、日本にとって地理が有利に働くことである。特に南西諸島は、人民解放軍の海空軍の往来にとって重要なシーレーンを横切り、東シナ海を包囲している。この地理的に優越する立場は、日本の沖合に広がる大部分の海域で、中国政府の軍事的選択肢を制限する強力な手段を日本に与えている。逆に中国の航空機や艦艇は太平洋に安全に到達しようと思えば、日本の領土が形成したチョークポイント〈シーパワーを制するにあたり戦略的に重要となる海上水路〉を通過しなければならないことになる。言い換えれば、中国の経済的繁栄と戦争における軍事目標の達成に不可欠な前提条件であるグローバル・コモンズへの中国のアクセスは、日本の意思に委ねられている。

南西諸島に沿って配備された日本の接近拒否システムは、戦闘時に中国が海空域を軍事的に使用するに際して法外なコストを課すのに適した位置にある。トラックに搭載された対艦巡航ミサイルの部隊は、宮古海峡やその他の狭隘《きょうあい》な航路への中国海軍の通航を極めて危険にする。同様に自衛隊の対空武器は、中国の航空部隊の東シナ海上空の飛行を困難にすることができる。要するに、自衛隊は南西諸島で歩哨《ほしょう》の役割を果たすことによって人民解放軍を監視し、必要とあれば阻止することができる。

第2に、接近拒否テクノロジーは破壊力があり、しかも比較的安価なことである。たとえば、現代の対艦ミサイルは数百㎞を飛翔して正確に目標に命中し、高価な軍艦を無力化あるいは撃沈するコストを課すことができる。主力艦に甚大な被害を与えるには、たった1発のミサイルで十分である。このように日本は過大な資源を投入することなく、対艦ミサイルなど数多くの精密攻撃兵器を取得できる。低コストのわりに見返りの大きい兵器への投資は、財政状況が逼《ひっ》迫《ぱく》している日本政府に適しているだろう。

A2／AD能力の強化と同時期に、中国海軍は空母、強襲揚陸艦、巡洋艦、駆逐艦などといった大型水上艦の大量購入に乗り出した。中国政府が資本集約的な艦隊にこれまで以上の価値を見出すのに伴って、これまで他の海洋大国を悩ませてきた計算式を中国海軍は新たに考慮せざるを得なくなっている。それは軍事行動の方針が、艦隊が負うことになるリスクを正当化する是非を判断しなければならなくなったということである。

中国の指導者は、敵対勢力が中国艦隊に重大な損害を与える可能性があると考えれば、中国海軍に危険な行動をとらせなくなるかもしれない。日本の接近拒否装備は、こうした人民解放軍のリスク評価に影響を与えることができる。中国の乗組員をはるかに危険な状況にすることで、日本政府は中国の政治家に侵略について再考するよう説得できるようになり、結果として日本の抑止力を強化することができる。

10年近く前にこの議論を進めたとき、私は日本版の接近拒否は包括的な戦略の一要素に過ぎないと考えていた。私は、A2／ADシステムは必要ではあるが、武力衝突に勝利するにはそれだけでは不十分であると警告した。接近拒否システムは最大でも、人民解放軍の軍事目標を否定することで膠着《こうちゃく》状態を強いるだけである。簡単に言えば、接近拒否は万能薬ではない。日本とその安全保障上のパートナーである米国は、中国との仮想上の武力衝突において、海空域を支配する手段を依然として保有する必要がある。中国の作戦上の利益を後退させ、同盟国に有利な条件で戦争を終結させるためには、伝統的な戦力投射の手段によって中国政府にさらなる苦痛を与える必要がある。言い換えれば、日本は通常の軍事力で中国と競争して追いつかねばならない。

私が日本の接近拒否の選択肢について書いてから数年のうちに、中国と日本の間の軍事バランスの大勢は中国政府の有利に傾いた。公開されているデータによれば、量の面でも質の面でも人民解放軍は自衛隊を上回っていることが明らかであった。私は、自衛隊が長年維持してきた質的な優位性や戦術的な優秀性に無理が生じつつあると考えるようになった。私は、力の不均衡の加速は日米同盟や米国の地域戦略に打撃を与えると判断した。

私が日中海軍のバランスを調査し始めたのは、この10年間の綿密な調査と高まる懸念を受けてのことだった。2015年に米海軍大学奉職中、この研究のための予備調査を行ったとき、日本の運命が劇的に逆転していたことに驚いた。中国海軍が海上自衛隊をリードしていることを、事実と数字が歴然とした差をもって示していた。西太平洋が歴史的なパワー・シフトを迎えたことは明らかだった。

さらに問題なのは、地域の海軍バランスの根本的な変化が、しばしば激しい大国間競争や戦争に先行して起きていることであった。

しかし米国政府の誰もが、この結果として生じる重大な権力の移行について綿密に調べていないようだった。私はこのようなインパクトの強い出来事が議論されることなく過ぎてしまうのは危険だと考えた。こうした想いにより、私は中国が海洋で日本を追い抜くことで起こり得る結果について、政策立案者や一般の人々に警鐘を鳴らすために本書を書いた。

中国の戦略を理解するためには、中国の政策立案者、軍人、アナリストが国民に対して、そしてお互いに何を伝えているのかを知ることが不可欠である。本研究では、多くの文献を引用し参照することで、中国人の考えを代弁させている。このようなありのままの中国の談話は、この国のエリートたちが閉ざされたドアの向こう側で、どのように日本のことを考えているのかを明らかにするものだ。日本の読者は、中国の戦略家が日本に対して、かなりの敵意を示していることを知って失望するかもしれない。また、中国語の文献には傲慢とは言わないまでも、大きな自信があることに驚くかもしれない。

本書は、中国の国民感情と日本に対する深い憤りが将来の海軍関係にどのような悪影響を及ぼすかについて、日本の読者の認識を高めることも目的としている。

本書が2020年5月に英語版として出版された後、私は日本での反響と解説を注意深く追ってきた。日本でもっとも注目されていたのは、尖閣諸島をめぐる日中海戦のシナリオだろう。中国のアナリストが構築したこのシナリオは、4日以内に人民解放軍が迅速かつ決定的な勝利を収めるという挑発的なものである。

私は、このシナリオの前提と方向性には大きな問題があると考えている。しかし、中国の戦略家が勝つために何が重要だと考えているのかを理解するために、その詳細に同意する必要はない。私がこのシナリオについてまとめたのは、戦術的な議論ではなく、中国のリスクと報酬の計算について、より大きな議論のきっかけになると考えたからである。私は、日本の読者に対して、中国が将来的に日本に対して行動することを納得させる可能性のある様々な条件を検討するように促したい。

現在の政策論議における新型コロナウイルスの大流行を踏まえれば、世界的な公衆衛生の危機が日中間の海軍競争にどのような影響を与え得るかについて、予備的な見解をいくつか提示しておく価値があるだろう。まず、世界的な大流行の余震が海洋での競争の根本的な原因を抜本的に変えることはない。短期的には、ウイルスによる経済収縮が中国の海軍への投資にどのような影響を与えるかは不明である。

確実なことは、日本が危機によって財政的打撃を受け、それに伴って防衛支出が予算的圧力を受けるということである。さらに、中国の海軍増強の勢いが、中国政府に有利に傾いた海軍バランスを逆転させるほど減速するようには思われない。本書で明らかになった劇的な役割の逆転は、今後も何年にもわたって続くであろう。

最後に、本書は中国との衝突が運命づけられていると主張しているのではない。むしろ日米同盟は抑止力を強化し、平和を維持するために十分な位置にあると主張している。

しかし時間はあまり残されていない。日米両国は何十年にもわたって犠牲を払って築いてきたシステムを守るために今こそ行動しなければならない。この日本語版が、日本の政策関係者と国民に緊急のメッセージを伝えるものになることを願っている。

トシ・ヨシハラ

ワシントンD.C.にて
2020年7月20日

本文写真出典／海上自衛隊ホームページ

『中国海軍 vs. 海上自衛隊』 もくじ

第5章 日米同盟戦略への影響――156

謝辞

June Teufel Dreyer（マイアミ大学）、James Fanell退役海軍大佐（ジュネーブ安全保障政策センター）、John Maurer（米海軍大学）、塚本勝也（防衛研究所）の各氏より、本報告書の草稿に対する貴重なご意見をいただいた。Thomas MahnkenとEvan Montgomeryの徹底した原稿の査読に感謝を表する。本報告書の作成を監督してくださったGrace KimとAdam Lemonにも、深く感謝を述べさせていただく。

CSBAは、民間財団、政府機関、企業を含む広範かつ多様な貢献者グループから資金提供を受けている。これらのリストは、以下ウェブサイトを参照。
https://csbaonline.org/about/contributors

戦略予算評価センター（CSBA）について

戦略予算評価センターは、国家安全保障戦略と投資オプションに関する革新的な思考と議論を促進するために設立された、独立した無党派の政策研究機関である。CSBAの分析は、米国の国家安全保障に対する既存および新興の脅威に関連する主要な問題に焦点を当てており、その目標は、政策立案者が戦略、安全保障政策および資源配分の問題について、十分な情報を得たうえで決定を下せるようにすることである。

訳文凡例

・訳者追記は本文中に〈　〉で記した。
・人名、地名は基本的に原書の表記を採用した。
・海上自衛隊の艦船の種別区分は、「海上自衛隊の使用する船舶の区分等及び名称等を付与する標準を定める訓令」（海上自衛隊訓令第30号、昭和35年9月24日）の定める区分を採用した。ただし、中国海軍の艦艇と対比する箇所については、対比を容易にするために原書の表記を採用した。この点については監訳者あとがきをご参照いただきたい。
・軍事用語については、防衛省の用語を参照したが、日本語の訳語が定着していない用語は前後の文脈から訳語を選択した。（例）lethality（致死、致死性、総合的軍事力など）

略語一覧

A2／AD	接近阻止/領域拒否
ADIZ	防空識別圏
ASBM	対艦弾道ミサイル
ASCM	対艦巡航ミサイル
ASW	対潜戦
AWACS	空中警戒管制システム
BMD	弾道ミサイル防衛
CCP	中国共産党
GDP	国内総生産
JMSDF	海上自衛隊
JS	海上自衛隊艦艇
NATO	北大西洋条約機構
NDU	（中国の）国防大学
PLA	人民解放軍
PLAN	人民解放軍海軍
PPP	購買力平価
SSM	艦対艦ミサイル
VLS	垂直発射システム

第1章　序文

――激しい大国間競争や戦争に先立つ急激な海軍バランスの変化が始まっている――

アジアにおける驚くべき運命の逆転はほとんど知られていない。過去10年以上の間、中国海軍は艦隊の規模、総トン数、火力等の戦力の重要な尺度で海上自衛隊を凌駕《りょうが》した。中国は今後、日本に対する中国の優位性を加速度的に拡大するという野心的な海軍近代化計画に着手している。1990年代に始まった中国の大規模な軍備増強に弾みがつき、日本のシーパワーの競争力は回復不可能な程度まで落ち込みつつある。実際、中国海軍の建設ラッシュが現在の破竹の勢いを維持すれば、海上自衛隊は10年以内に中国海軍に永久に置き去りにされるだろう。

しかし、この日本と中国の海上における権力交代については、ほとんど研究されていない。

最近の評論では、中国が世界最大の海軍として台頭して米海軍を追い抜いたことの重要性についての議論が白熱しているが、日中の海軍力バランスが分岐点を迎えたことについては、ほとんど沈黙に包まれている。※1 この無関心は、その戦略的重要性を考えると不可解とも言える。

中国と日本はアジアの２大経済大国であり、地域的序列の最高位に位置している。それがゆえに日中の戦略的重要性は、良くも悪くも海上での日中の相互作用がインド太平洋地域を越えることを意味する。現在、日中という極めて競争力の高い２つの海洋国に、急速な相対的な力の変化が起きている。これによる地域的不安定と付随するリスクが、必ずその後に続いて発生するだろう。海軍力のシフトは、すでに日本の指導者の恐怖心をかき立てつつ、中国政府を勢いづかせたという明確な証拠もある。日中間で深まる相互不信は、両国に競争するという衝動を与え、少なくとも10年にわたって形成されてきた対抗の推進力となった。

さらに日本の海洋大国としての地位からの急転落は、中国を含む地域の国々に対し、地域安定の支えである日米同盟の信頼性に疑念を抱かせる可能性がある。戦後の日米同盟を中心とした安全保障構造は、アジアの安定に大いに貢献してきた。ゆえに一層の緊張にさらされる可能性がある。政策立案者や戦略家は、日中海軍力のバランスがアジアの将来に及ぼす潜在的な影響に細心の注意を払う必要がある。

この劇的なパワーシフトの意味をよりよく理解するために、本書では中国の公刊情報を調査し、中国本土の戦略家が日中の海軍力のバランスをどのように認識しているかを検証した。ここでは、日本の海軍戦略、作戦、能力に対する中国海軍の敵対関係の根源と影響を検討する。そのうえで、中国における日本の海洋における地位に関する考え方のパターンを明らかにし、日米同盟における海軍競争の戦略的意味を導出していく。海軍力の不均衡がそのまま放置されれば、日米同盟にきしみを生じさせ、アジアを不安定化させる。そこで本書では、日米同盟がこの危険を認識し、海軍力のバランスを回復すべく迅速に行動することを求める。

1世紀以上もの間、日本は西太平洋の主要な地域の海洋大国だった。日清戦争（1894～95）と日露戦争（1904～05）でそれぞれ中国とロシアに大勝し、太平洋戦争末期まで極東で優位な地位を占めた。[※2] 戦後、米海軍がアジア地域を支配していた間に大日本帝国海軍から改称した海上自衛隊は急速に再編成された。同盟国である米国のヘゲモニーが冷戦とその余波の間、つまり海を安全に保っていたとき、日本のシーパワーは回復して主導的な地位を取り戻した。1970年頃までには、海上自衛隊は世界有数の海軍となってアジアの中に再出現した。21世紀最初の数十年間に海外での任務が拡大するにつれ、近代的で高度な技術を有する海上自衛隊は地域の羨望《せんぼう》の的となっていった。

19世紀末の日本の成功は、中国にとって災難であった。1894年の黄海海戦で日本海軍が清国の北洋艦隊に一方的に勝利したことが決定的となり、中国海軍はその後100年以上にわたって、取るに足らない存在だった。1930年代、国民党の乏しい海軍力は、海からの侵攻に対して事実上無力であった。[※3] 共産政権初期の数十年間、人民解放軍海軍は大陸における陸軍の作戦を支援するために設計された沿岸防衛軍にすぎなかった。[※4] 人民解放軍海軍の存在は、日本の繁栄にほとんど影響を与えなかった。1990年代まで、中国海軍が戦力を投射する手段は限られていた。20世紀が終わる頃でも、まだ中国海軍は大部分がソ連時代の旧式艦艇で構成された巨大で鈍重な海軍だった。こういった歴史から考えると、過去10年間の中国海軍の急激な量的かつ質的な飛躍は、印象的で憂慮すべきものであると同時に馴染みが薄い。ある意味で、近隣のライバルであった中国帝国とロシア帝国が日本の安全を脅かした19世紀末から20世紀初頭にかけての危機を、今の日本は再体験していると言える。北洋艦隊が日本海軍に十分に勝つ見込みがあったのは125年以上も前のことである。このような歴史的背景は、近年の中国と日本の間の権力移行がいかに重大な意味を持つのかを示している。

日中の国力の順位が入れ替わった初期は、海洋において混乱が起きる前触れであった。

2010年、中国経済は日本を抜いて世界第2位の経済大国に浮上した。日本が1968年から米国に次ぐ世界第2位の座を占めてきたことを考えれば、まさに歴史的な出来事であった。日本経済がバブル崩壊後に数十年にわたって低迷を続ける中で、中国経済は目覚ましいペースで成長してきた。中国の急速な国富の蓄積は、高率の国防支出を維持し、2016年までの20年間、中国の国防予算はほぼ途切れることなく2桁増を維持し続けた。[※5] 一方で、同じ時期の日本の防衛費は大きく停滞した。中国の財政的余力と日本の財政的制約が、地域の軍事バランスに影響を及ぼすことは必至であった。海軍への支出がもたらした結果は、ここ5年間でもっとも顕著に表れ、急激に進んだ中国の軍備増強は日中の海軍力バランスを打ち砕いてしまった。

国富の創造と軍事力は、国家の勝利と偉大さを相互に補強する秘訣である。この点について、近代の中国と日本の政治家には特別に響くものがある。この共通の政治理論上の規範は、日本では19世紀後半、中国では1970年後半に両国を目覚ましく発展させた。明治政府は「富国強兵」（中国語で富国強兵 fuguo qiangbing）という有名なスローガンの下、西洋に追いつき、対抗することを国民に説いた。[※6] 中国の春秋戦国時代に始まったこの富国強兵という概念は、日本の台頭を知的に支えた。

清・中華民国両時代、改革派は同様に「富強（富强）」および「復興（复兴）」を追求したが、おおむね失敗に終わった。鄧小平が１９７８年末に打ち出した「改革開放」は、１世紀前に日本の近代化を推進したのと同じ論理を適用した。この最高指導者は、国力への道は経済的な豊かさの中にあることを理解していた。[※7]

習近平が掲げる「中国の夢」「中華民族の偉大な復興」「強い軍隊の夢」といった中国の台頭を目指すスローガンは、明治政府が行った処方箋よりも明快な響きを持つ。[※8]このキャッチフレーズは、中国の長期的な目的と願望に関する彼のビジョンを要約している。しかも、それらは、中国を国内外で繁栄させ影響力を持たせるという習近平の野望を伝えている。習近平は、２０４９年の建国１００周年を機に「中国の夢」を完成させようとしている。この夢は、中国を経済、外交、軍事の面で世界最強の国家に跳躍させることを目指している。さらに中国は自ら繁栄し、影響力を持つことで、西洋列強の手による「屈辱の世紀」という耐えがたい記憶を一掃することになろう。かつてアジアを支配していた中華秩序を復活させるかもしれず、そうなれば中国の名誉と尊厳が満たされるだろう。要するに中国は、偉大な国家となることを望んでいるのである。

このような権力に対する歴史的意識は、大国の興亡の運命に対する中国と日本の認識に不可欠である。中国政府と日本政府は、裕福になって強くなるという似た経験をしてきた。しかし両者とも、隣人が富と権力を手に入れると自国に危険が訪れることを良く知っている。20世紀前半の日本の台頭は、中国の多大な犠牲の上に成り立っている。当然のことながら役割が逆転した今、日本人は同じような運命が待っているのではないかと心配している。かように中国が経済的に日本を追い越した2010年の転換点は、双方にとって重要な戦略的意味を持っている。歴史感覚は中国政府と日本政府の力関係を理解するうえで不可欠である。

しかし権力の移行は、単なる歴史的な現象ではない。これは非常に重要な移行である。

第1に、このパワーシフトは、アジアの覇権をめぐる米中間の争いと不可分ということがある。中国の野望を阻止するためには日米同盟が不可欠であり、米国政府と日本政府は平和を維持するためにお互いを頼りにしている。しかし日本の相対的な海軍力の低下は、米国が中国の台頭に対抗するために、さらに多くの貢献を地域の同盟国に期待しているときに起きている。このように安全保障環境がますます競合し苛酷になっている時期に、日本の衰退が起きているという事実は、地域の安全保障、同盟政策、そしてより大きな米中戦略的対立にも影響を及ぼすことになる。同時に、中国と日本の間で想定される海の危機や海軍の衝突は米国を引きずり込み、日米中という世界3大経済大国と海軍の対立に発展する可能性が高い。

第2に、日本と中国には、海洋における紛争につながる可能性のある様々な紛争や火種が存在する。その中でもっとも顕著なのが、典型的な海洋の問題である中国・台湾問題での行き詰まりである。中国は、台湾海峡で抑止が失われた場合に、米国と日本が介入することを懸念している。日本には、台湾をめぐる戦争の際に米軍が戦場に直接戦力投射することが可能な主要な航空・海軍基地が所在する。地理的に見て日本の安全保障を、台湾の安全保障から切り離すことは事実上不可能である。日本の南西諸島の最南端である与那国島は、台湾の北東海岸からわずか110㎞しか離れていない。

また近年、尖閣諸島、東シナ海における排他的経済水域（EEZ）の画定、2013年の中国による防空識別圏（ADIZ）の設定、そして資源開発をめぐって日中関係は、すでにほころびを見せている。この2つの経済大国は、両国の繁栄に不可欠な通商路であるシーレーンにまたがっている。これらの生命線は、互いの悪意に対して潜在的に脆弱である。日本が中国の南シナ海での埋め立てと軍事化を懸念している理由の1つは海上貿易である。中国政府の東南アジア進出を受けた日本政府の東南アジアにおける海軍外交（Naval Diplomacy）が、新たな争点になりつつある。

第三に、前述したように20世紀の醜い記憶が、現代の日中関係を活発にさせている。中国政府の屈辱の世紀のナラティブは海から始まるが、それは西洋の帝国勢力が清帝国の特権を侵害するために優越するシーパワーを使ったときであった。もちろん日本はこの筋書きで重要な役割を果たしている。大日本帝国海軍は敵のいない海を越えて、中国本土侵攻のために大量の陸軍を送り込んだ。現代の中国の指導者たちにとって、21世紀への教訓は明らかである。すなわち中国は外部勢力による将来の恐喝を排除するために、海において強い国でなければならない。中国の誇り高い歴史から、この汚点を洗い流さなければならない。これは中国政府のシーパワー追求の背後にある感情的な原動力であり続けている。過去の過ちに対する報復という考え方は、現代の国際関係において時代錯誤に見えるかもしれない。しかし報復への強い欲求は、中国の多くの人々の心理を的確に表現している。

最後に、海軍力のバランスは中国側に傾いているが、日本は楽に勝てる相手ではない。日本は衰退しつつある国かもしれないが、決して弱い国ではなく、今でも頑強に抵抗できる精強な近代的海軍を有している。もし抑止が失われれば、全面的な海戦はその規模と死傷者数において、1982年のアルゼンチンと英国の間のフォークランド紛争を含んで、この数十年間に世界が目撃したすべての海上紛争を小さく見せるほどのものに発展するであろう。数百機の近代的な航空機や艦艇、そして水上艦艇、潜水艦、爆撃機、戦闘機、トラック等から発射された数千発のミサイルが、戦場になる蓋然性がもっとも高い海域、すなわち東シナ海に集中する可能性がある。日中の無制限海上戦闘は、数千人とは言わないまでも数百人の死傷者を出し、数百隻の船や航空機が海底に散らばる血なまぐさい出来事になることは、ほぼ間違いない。

これらのことから、過小評価されてきた海軍力の変化を調査する必要がある。実際、中国の海洋国家としての台頭と日本の相対的な衰退は、インド太平洋の安全保障にとって重要かつ困難な問題を提起している。海洋大国になりつつある中国は、衰退しつつある海洋国家である日本をどのように見ているのだろうか。力の逆転は、海洋における日中間の相互作用にどのような影響を与えるのか。日中の海洋・海軍戦略は、これら新たな戦略環境にどのように適応していくのか。日米同盟への影響はどのようなものであろうか。

本書では中国人の視点から前記の問題を検討した。中国本土の戦略家やアナリストがどのように海軍力の不均衡を認識しているか、そしてどのように中国の戦略と選択肢を再評価しているか解釈するために、まだ活用されていない中国語情報源から多くを得ている。重要ではあるがほとんど見過ごされているトピックを調査するために、そのような公的に利用可能な情報源を採用した初めての研究である。

また本書は2つの論点をもって進めていく。第1は、中国政府は将来的に、日本政府との海軍力の競争が激化すると予想していることである。中国側のナラティブによれば、日本は現実主義の衝動、不安感、悪意、そして深く根ざした文化的な特質が複合した理由によって中国海軍の台頭を重大な脅威と受けとめている。このロジックからすれば、日本は中国の海洋における野望を阻止するために、全力を尽くすことになる。また、日本政府は同盟国である米国と協力して、海上で中国を包囲し均衡を保つために、志を同じくする海洋大国による連合を組織する。中国の目から見れば、日中の海洋競争と海軍の対決は事実上運命づけられている。

第2は、今世紀半ばまでに若返りを図るという中国の海軍優位の見通しが、中国の政治家や司令官を説得し、日本に対する局地的な海洋紛争に攻勢的な戦略を採用させるだろうということである。海軍力の蓄積は、これまではなかった戦争というオプションを中国指導部に提供している。これまでの中国海軍は、敵艦隊の作戦目標と戦術目標を拒否するための作戦を強いられていたが、多数の先進的兵器と改善されたシーマンシップによって、今では局地的な制海権を得るための攻勢的な作戦を行うことができるようになっている。決定的な戦闘は中国の戦勝戦略の中核となるであろう。

中国政府の海軍力は、これまでの言説になかった自信と考え方を勢いづかせている。中国は、海上において日本を自国の意志に従わせることができる手段と技能を有していると、ますます確信している。こうした海軍力に対する自信は、中国政府が暴力の脅威に基づいて行動する可能性を高めるであろう。中国の硬化する国家意志と増大する海軍力の組み合わせは、インド太平洋の海洋問題の将来の安定にとって悪い前兆となっている。

第2章では、中国の海軍力増強の規模と、日本の海軍力の主要な手段における遅れについて詳述する。また、この研究全体の分析材料および分析手法についても記述する。

第3章では、日中の海軍力競争の根底にある原因を明確にする。この章は、構造的および観念的要因が海上における日中競争を説明できることを示す。

第4章では、日本の戦略、能力、作戦に関する中国の著作物を評価する。これらによって中国の研究者が日本のシーパワーの減少を察知し、潮流の大きな変化を感じ取っていることを論証する。その結果、海上自衛隊がかつて主導権を握っていた海上戦闘の分野を含め、日中の力の差が拡大していると中国が認識していることを示している。この章では、さらに中国の執筆者が想定している東シナ海における驚くべき戦闘シナリオを詳述し分析する。

第5章では、公刊情報の著作物を統合し、中国の思考パターンを導出し、さらに日米同盟への戦略的な影響を検討する。

第6章では、地域的な軍事バランスの重要性、公刊情報の価値および将来の研究すべき分野について、最終的な考察を行って締めくくる。

第2章 劇的に変化する海軍力の不均衡

本章では、まず日中間の海上不均衡の拡大が深刻かつ重大な問題となっている主な分野を明らかにする。中国海軍の戦力増強は２０００年代初頭に加速し始め、日本の様々な量的優越を狭めた。中国海軍は、艦隊の規模、総トン数、火力等の分野での増強のペースを２０１０年代半ばにさらに加速した。その結果、日中の海軍力に驚くべき格差が生じ、今後さらに拡大することが予想されている。ここ5年間で力の差は劇的に拡大し、今や中国は決定的で不可逆的な優位性を保持している。日本の財政状況が悪化している中で、日本自身が大規模な対抗手段の強化に踏み切らない限り、中国が開いた日本のライバルとの間の距離を縮めるのは困難だろう。

続いて、この研究の基盤となる分析対象と分析手段について説明する。欧米の学問は数少ない傑出した名著を除いて、日本のシーパワーに十分な注意を払ってこなかった。欧米諸国とは対照的に中国の戦略コミュニティは、緻密かつ真剣に日本の海洋問題に取り組んできた。その結果得られた中国語による研究成果は、深い研究の賜物であり、西側では得られない洞察を提供する。日本のシーパワー研究に捧げた中国のエネルギーは、中国の強迫観念の対象である米国シーパワーの理解に注いだエネルギーに匹敵する。しかし中国における一連の研究は、米国や他国では翻訳されておらず、あまり研究されていない。したがって中国の著作物を精査し、そのような調査から洞察を得ることは、分析上の価値がある。

海軍力の逆転と拡大を続ける不均衡

近年、中国の台頭するシーパワーが、アジア海域における米国海軍の優位性をいかに侵食するかについての研究が多く見られる。[*1] この言説に欠けているのは、同じように厄介な展開、すなわち中国がこの地域の主要な海軍力として、静かに日本に取って代わっているということである。

中国の戦略家が呼ぶ「包括的な国力」とは、資源を利用するための国家能力の広い概念だが、過去10年間でこの主要な分野で中国は日本を追い抜いた。

図1：購買力平価に基づく中国と日本のGDP（1990〜2019年）

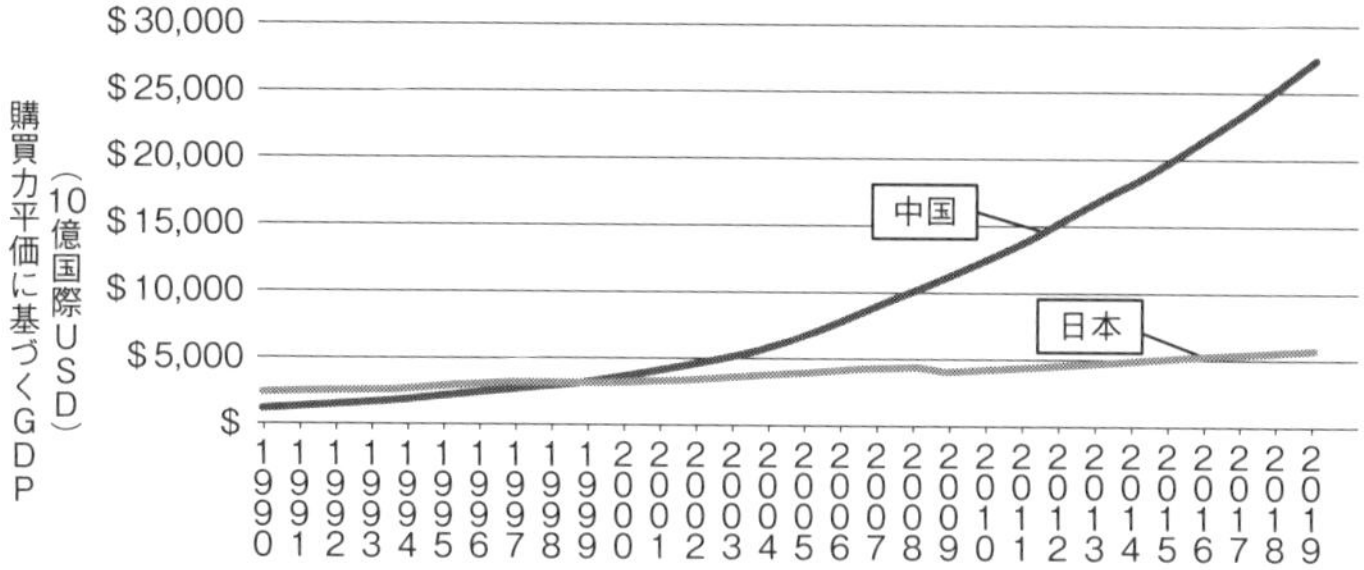

図2：中国と日本の軍事支出（1989〜2019年）

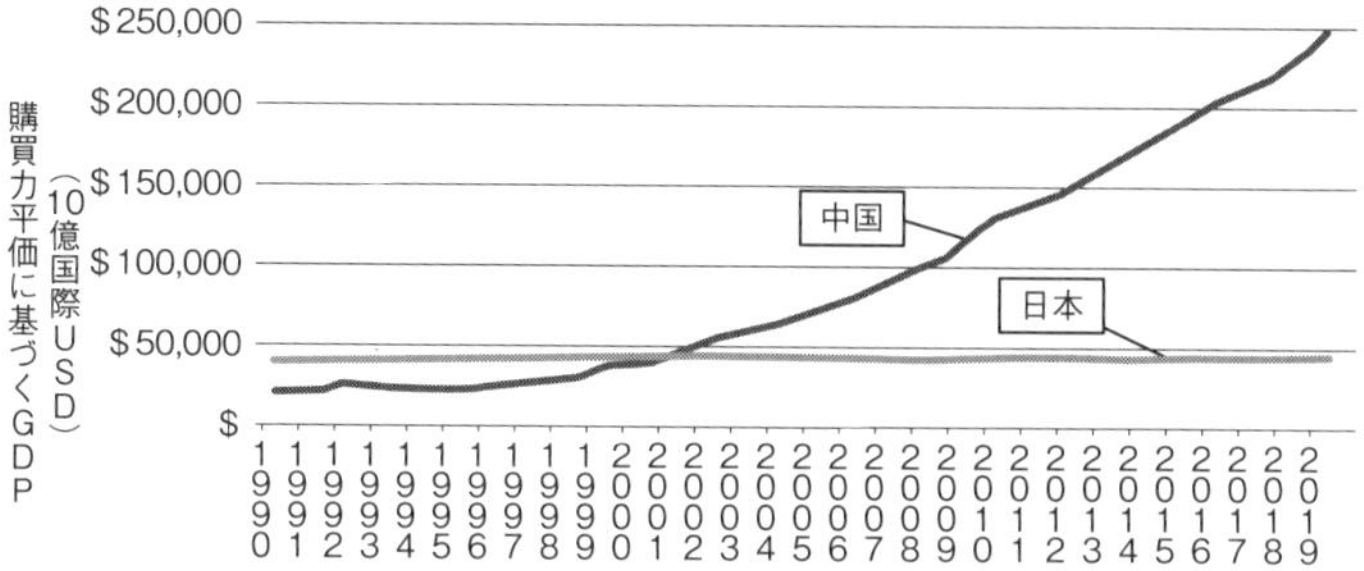

図3：アジアおよびオセアニアの軍事支出の割合（1990〜2018年）

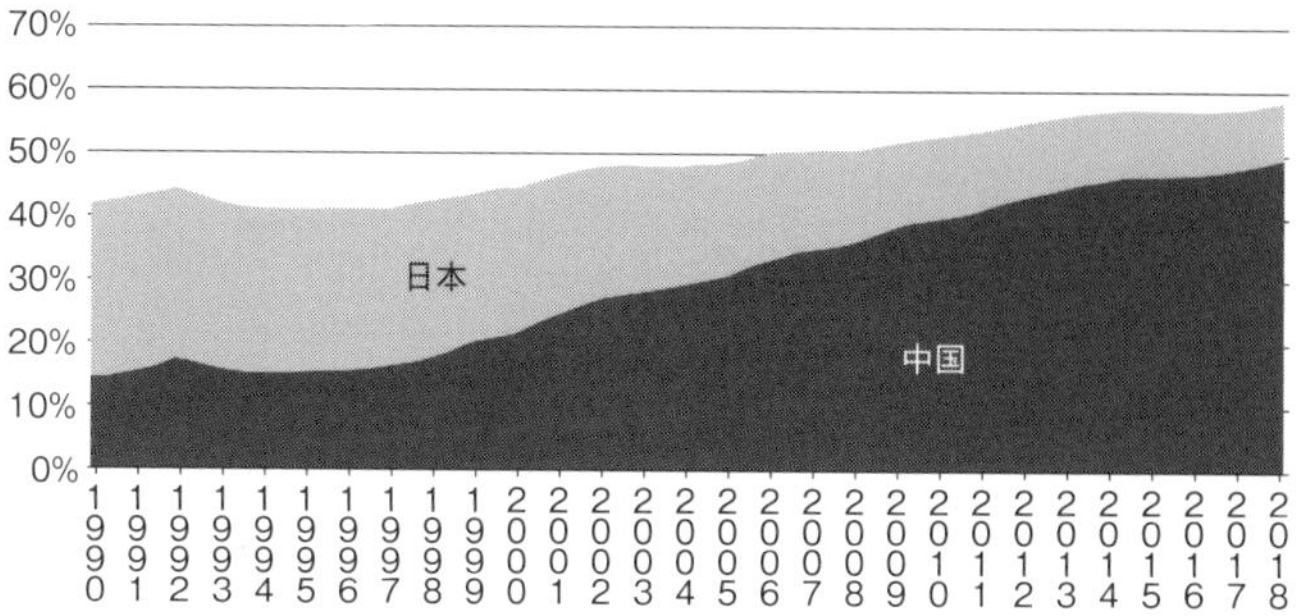

さらに2010年に中国は日本を抜いて世界第2位の経済大国となり、購買力平価（PPP）ではこれより早く1999年には中国経済は日本経済を追い抜いている[*2]（図1参照）。この経済的な転換点は、日中の軍事バランスを根本的に歪めている。30年前、日本の防衛費は中国の2倍近くあったが、それ以来、日本の防衛支出は停滞し、中国の軍事支出は急増した（図2および図3参照）。

ストックホルム国際平和研究所の試算によると、1990年の中国の国防予算は2017年のドル価を基準にして210億ドル、日本は410億ドル弱であった。しかしそれから10年後には、中国の軍事費は410億ドルに達し、日本の440億ドルに迫る勢いとなった。

2010年になると中国の支出は1370億ドルに達し、日本の440億ドルを大きく上回った。2018年までには、中国政府は2500億ドルを支出し、日本政府の470億ドルの予算をはるかに上回っている[*3]。

これは、どのような基準から見ても、2つのライバル勢力の間で運命が大きく逆転したことを意味する。このような国家資源の非対称性の増大は、海軍力のバランスにも強烈な影響を及ぼしている。

【艦艇数】

２０１９年の米国防省による中国の軍事力に関する年次報告書には、「中国海軍はこの地域で最大の海軍であり、３００隻以上の水上戦闘艦艇、潜水艦、揚陸艦、哨戒艇、特殊艇を有している」と率直に記されている。[*4]

米海軍情報局によると、２０１５年の中国海軍は、駆逐艦26隻、フリゲート艦52隻、コルベット艦20隻、高速攻撃ミサイル艇85隻、ディーゼル潜水艦57隻、攻撃型原子力潜水艦5隻を保有していた。[*5]ある試算によると、中国海軍の水上艦艇数は２０１５年には３３１隻だったものが２０３０年には４３２隻に急増し、潜水艦数は66隻から99隻に増加すると予測されている。[*6]別の研究によると、２０３０年までに中国海軍の最新かつもっとも近代的な艦船は16隻から20隻の巡洋艦、36隻から40隻の駆逐艦、40隻から50隻のフリゲート艦、少なくとも10隻の強襲揚陸艦、少なくとも4隻の空母に増加する可能性があるという。[*7]さらに約60隻のディーゼル潜水艦、少なくとも16隻の攻撃型原子力潜水艦、そして少なくとも8隻の弾道ミサイル潜水艦が、今後10年間に水中兵力として就役する可能性があると推測している。

これに対して２０１９年の海上自衛隊の戦力は、ヘリコプター搭載軽空母4隻、巡洋艦2隻、駆逐艦34隻、フリゲート艦11隻、輸送艦3隻、ミサイル艇6隻、通常型潜水艦21隻である。[*8]現在のペースでいけば、２０３０年に日本の水上艦部隊および潜水艦部隊が大幅に増加することはないだろう。

【総トン数と火力】

艦艇の数を並べて比較するだけでなく、最新の戦闘能力と潜在的能力に関する大まかな尺度であるトン数、そして火力に関しても、中国海軍の傾向線は驚くべきものがある。[*9] 1990年から2019年の間に、中国水上戦闘部隊の総トン数は倍増した。さらに重要なことは、トン数が急激に増加したにもかかわらず、同時期に中国海軍の艦艇数が60％以上も減少していることである。

換算すれば、戦闘艦艇1艦当たりの平均トン数が大幅に増加したことによって、能力と潜在的能力が向上したことを意味している。実際、中国の水上戦闘艦艇の平均トン数は、1990年から2019年の間にほぼ7倍に膨れ上がった。この平均トン数の急増は、1990年に小型船舶が大量に退役したことと、緩やかな生産速度で建造されたより大型の最新鋭艦が就役したことに起因している。図4に示したように、1990年には能力の低い哨戒・沿岸戦闘艦が水上艦隊の総トン数の約50％を占めていたが、2019年までにこうした艦級は10％未満になった。

図4：総水上戦闘艦艇に占める主要水上戦闘艦艇のトン数の割合（1990〜2020年）＊10

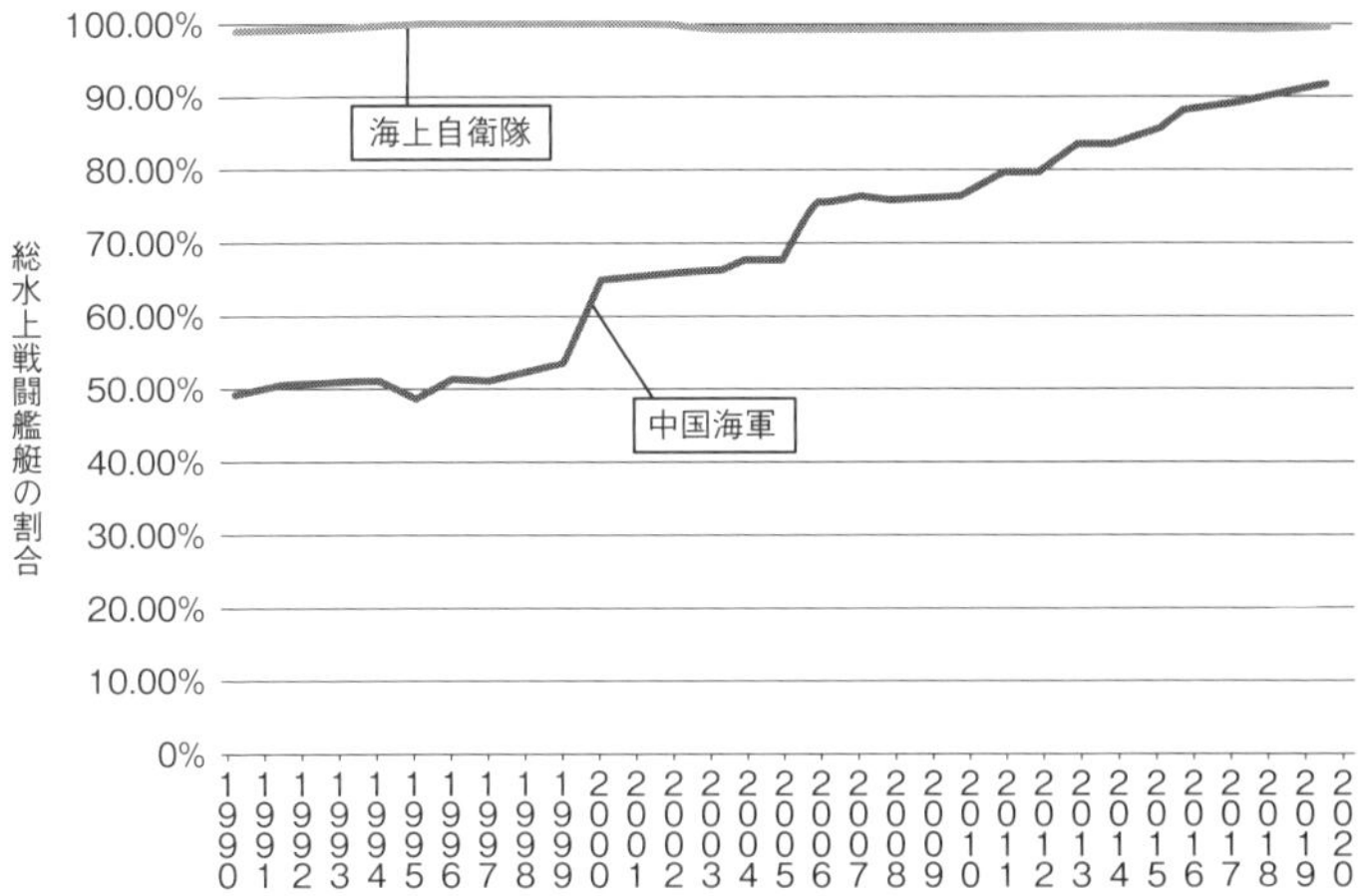

　艦隊の持つ総合的な戦闘力とも言うべき火力は、水上戦闘艦艇に搭載できるミサイルの数と種類でおおよそ算出できる。現代の軍艦は、船体に垂直発射システム（ＶＬＳ）を搭載してミサイルを発射する。ＶＬＳはグリッド状のセルで構成されており、個々のサイロ〈ミサイルを格納する地下倉〉と同様、各セルに対空ミサイル、ミサイル迎撃ミサイル、対艦ミサイル、対地攻撃ミサイルを収容できる。したがって水上部隊におけるＶＬＳセルの総数は、敵艦隊に対して浴びせることができる潜在的な攻撃用および防御用火力と解釈することができる。

　１９９０年代、中国海軍はＶＬＳを装備した艦艇を１隻も保有していなかった。しかし２０００年代初頭にＶＬＳが導入されたことで、垂直発射セルの大幅な増加の道が開かれ、その勢いは衰えることなく続いている。15年以内に、VLSセルの数は128セル（2005年）から2000セル（2020年）へと、ほぼ15倍に急増した（図5、図6参照）。

1990年以降の中国海軍と海上自衛隊のトン数と火力を比較した傾向線も同様に、強烈な印象を与える。2000年代の半ばから後半にかけて海軍増強が加速する中で、中国海軍は海上自衛隊がすでに大きくリードしていなかった重要分野で肉薄したか、均衡状態に至った。中国が急速に差を縮めた顕著な分野は、大型水上戦闘艦の船体規模と火力だった。2010年代半ばから後半にかけて、中国海軍は海上自衛隊に対して決定的な優位を獲得するか、それまでほどほどの差で日本がリードしていた分野で拮抗《きっこう》した。

中国海軍は常に海上自衛隊よりも多くの艦船を保有していたが、大半が小型哨戒艇であった。このため1990年代前半時点で、日本は主要な水上戦闘艦の数で中国を大きく引き離していた。さらに、この時代の日本の軍艦は中国の軍艦よりもはるかに近代的だった。しかし2000年初頭、中国海軍がより多くの駆逐艦を就役させたことにより、両者の主要な水上戦闘部隊はおおよそ均衡状態となった。そして2000年代半ばまでに中国海軍は主力艦の隻数で海上自衛隊を大きく引き離し始めた。2010年代半ば以降、中国の軍艦が大量に投入され、日本は大きく遅れた。そして2020年時点で、中国海軍は海上自衛隊の2・5倍の主要水上戦闘艦を保有した（図7および図8参照）。

図5：海上自衛隊の水上戦闘艦艇搭載攻撃用ミサイルおよびVLSセル＊11

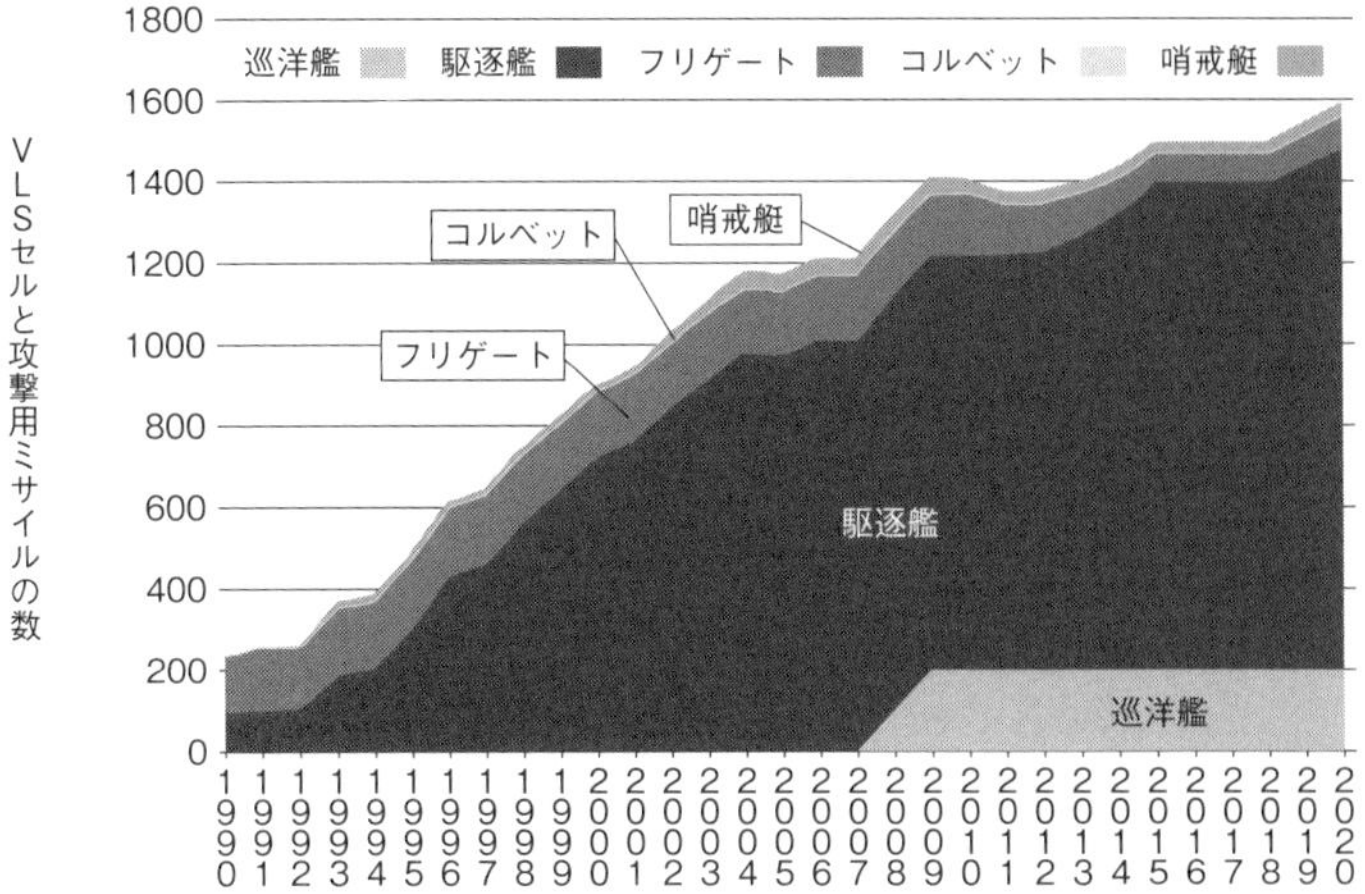

図6：中国海軍の水上戦闘艦艇搭載攻撃用ミサイルおよびVLSセル

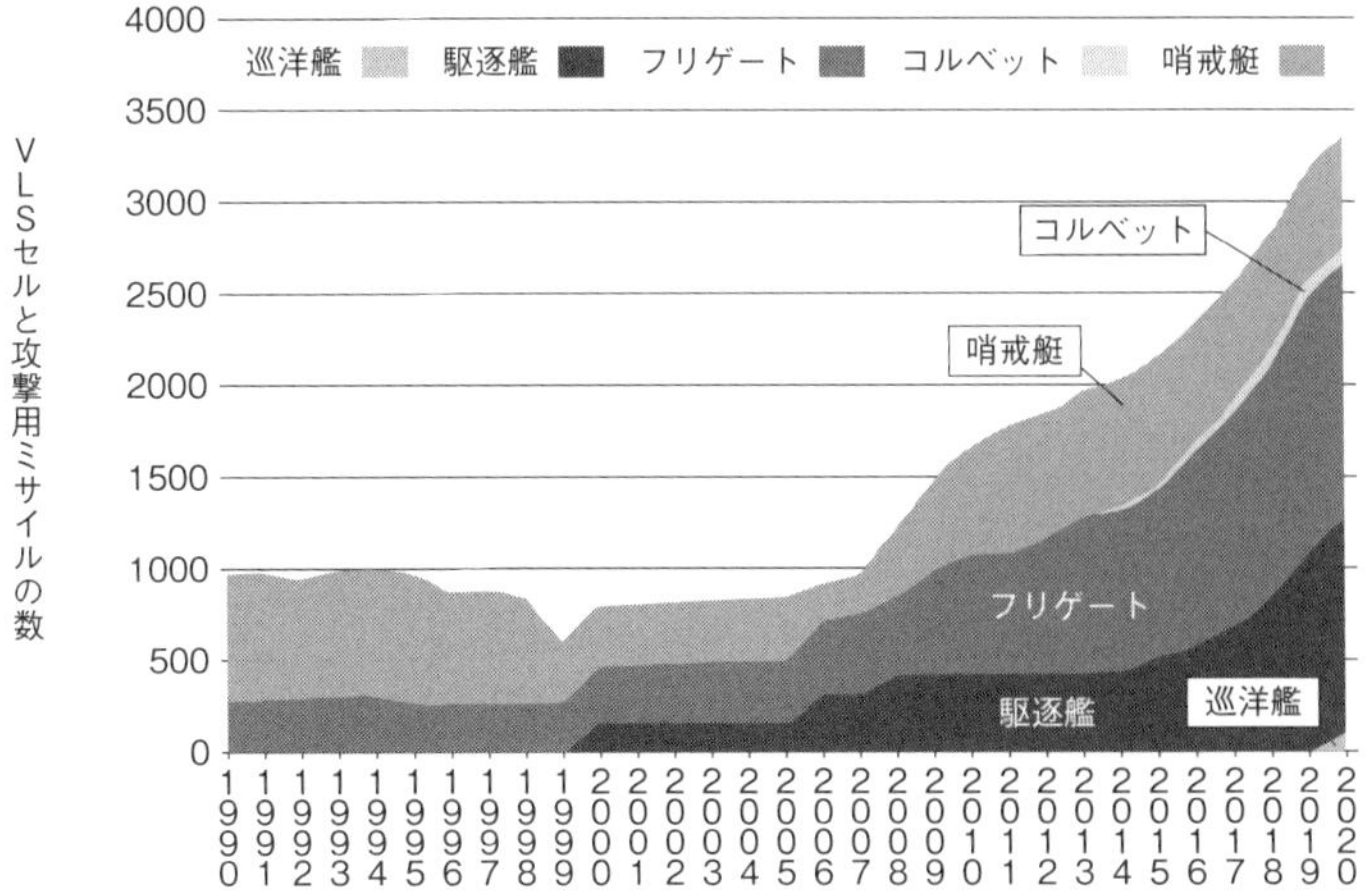

図7：海上自衛隊の主要水上戦闘艦艇（1990〜2020年）

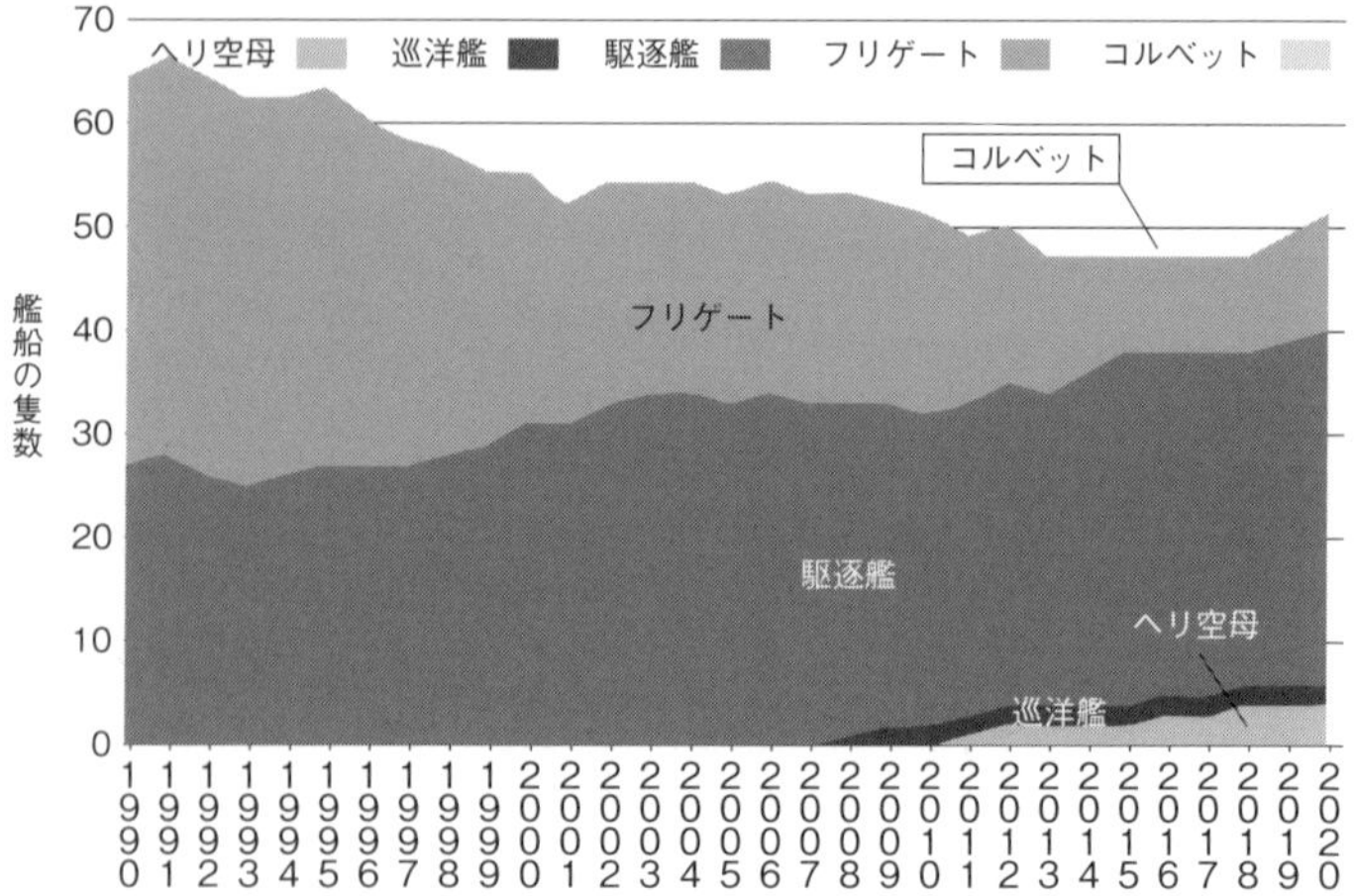

図8：中国海軍の主要水上戦闘艦艇（1990-2020年）

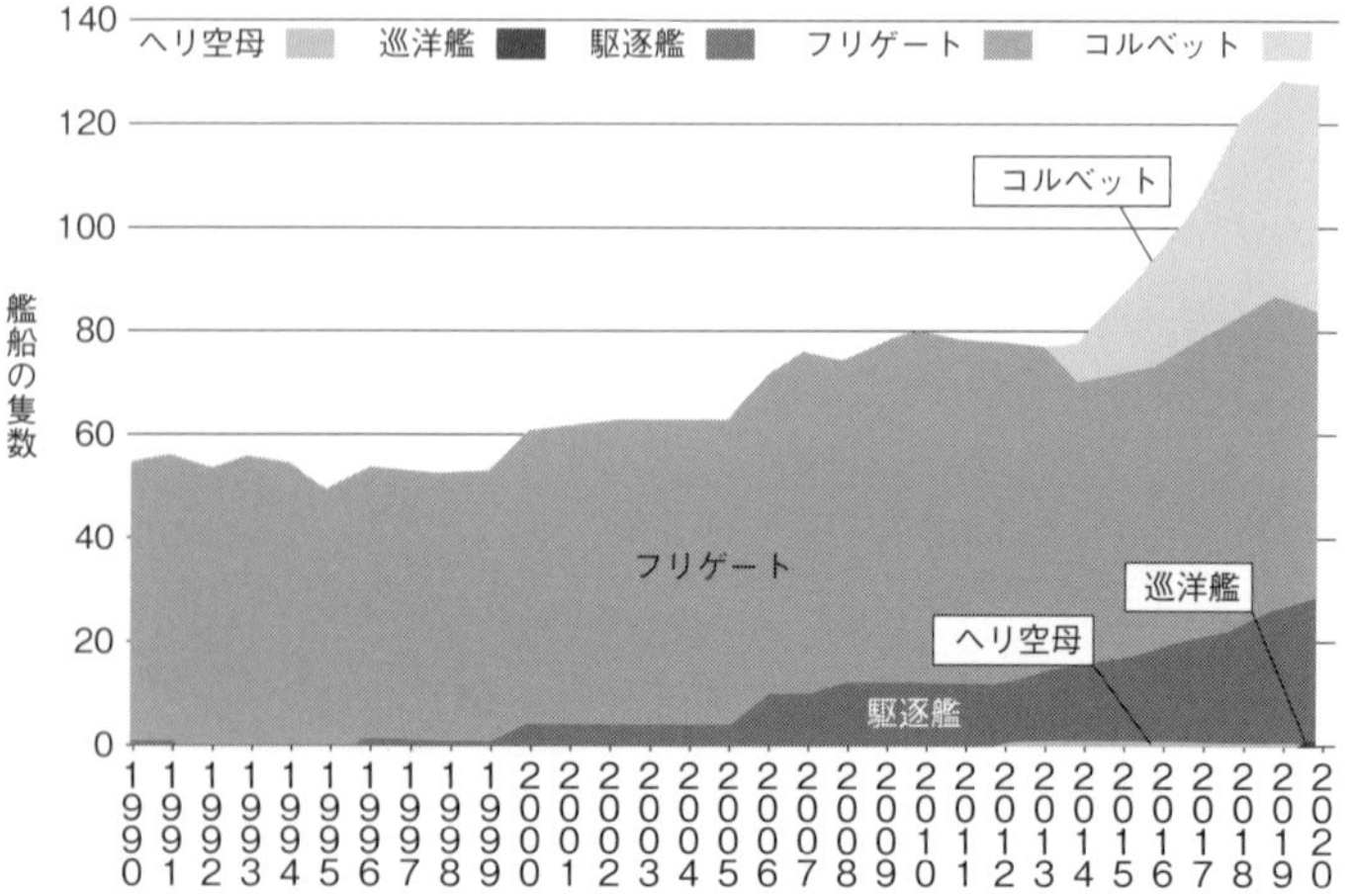

図9：海上自衛隊と中国海軍の駆逐艦搭載VLSセル数とVLS総セル数

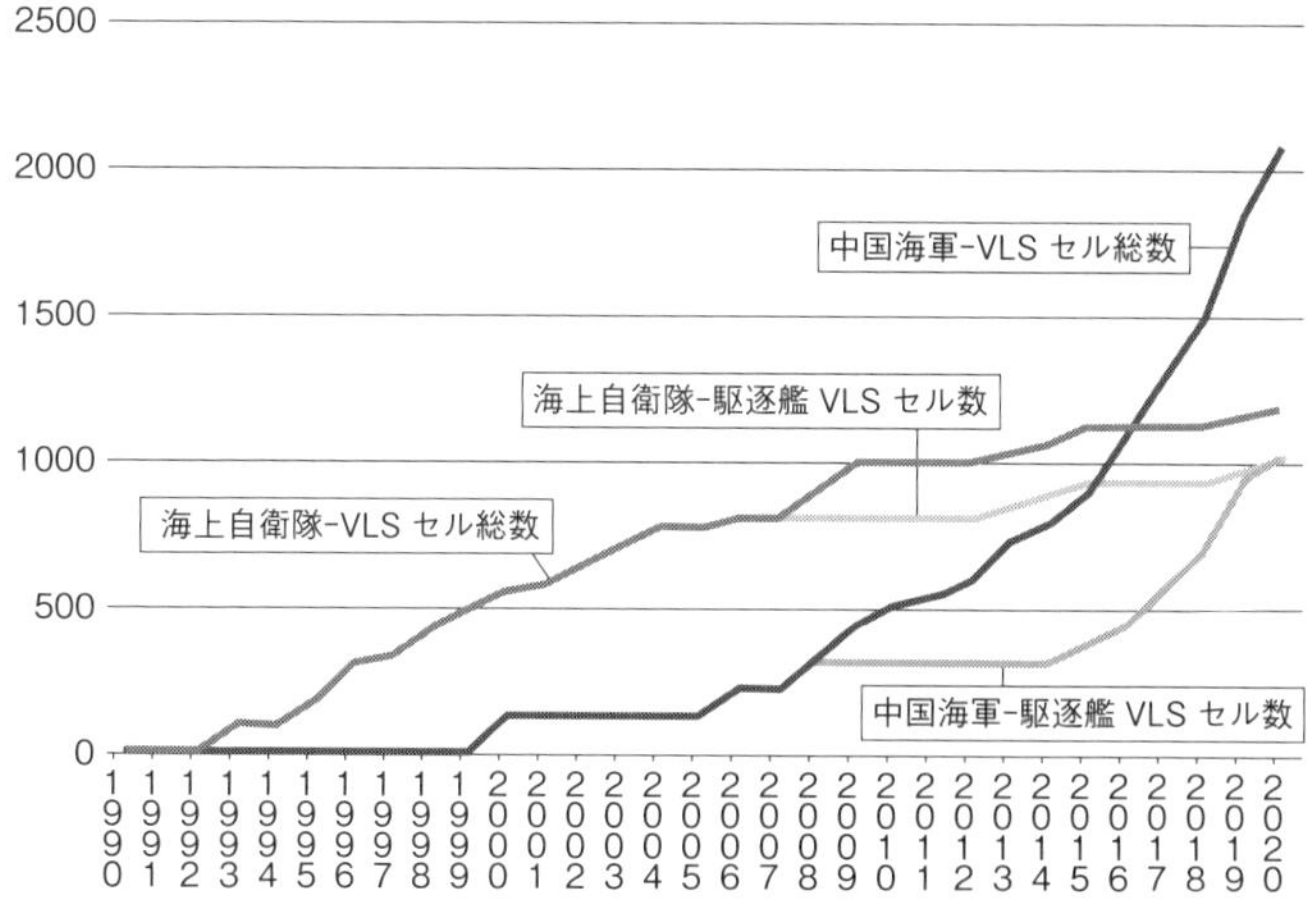

火力に関して言えば、中国の追い上げはさらに劇的である。

海上自衛隊は、中国海軍より約10年早くＶＬＳを導入したにもかかわらず、中国海軍がＶＬＳ対応の艦船を建造するペースは速く、その差は急速に縮まった。２０１０年代初頭には増加率が加速し、２０１７年までに中国海軍はＶＬＳセルの総数で海上自衛隊を追い抜いた（図９参照）。

２０１９年には、中国海軍のＶＬＳセルは海上自衛隊より60％多くなった。２０２０年までに、中国海軍は海上自衛隊よりも75％多いＶＬＳを保有しており、わずか１年でミサイル格差がかなり拡大したことを示している。

この比率は、中国海軍の増強が進むにつれてさらに中国海軍に有利になると予想される

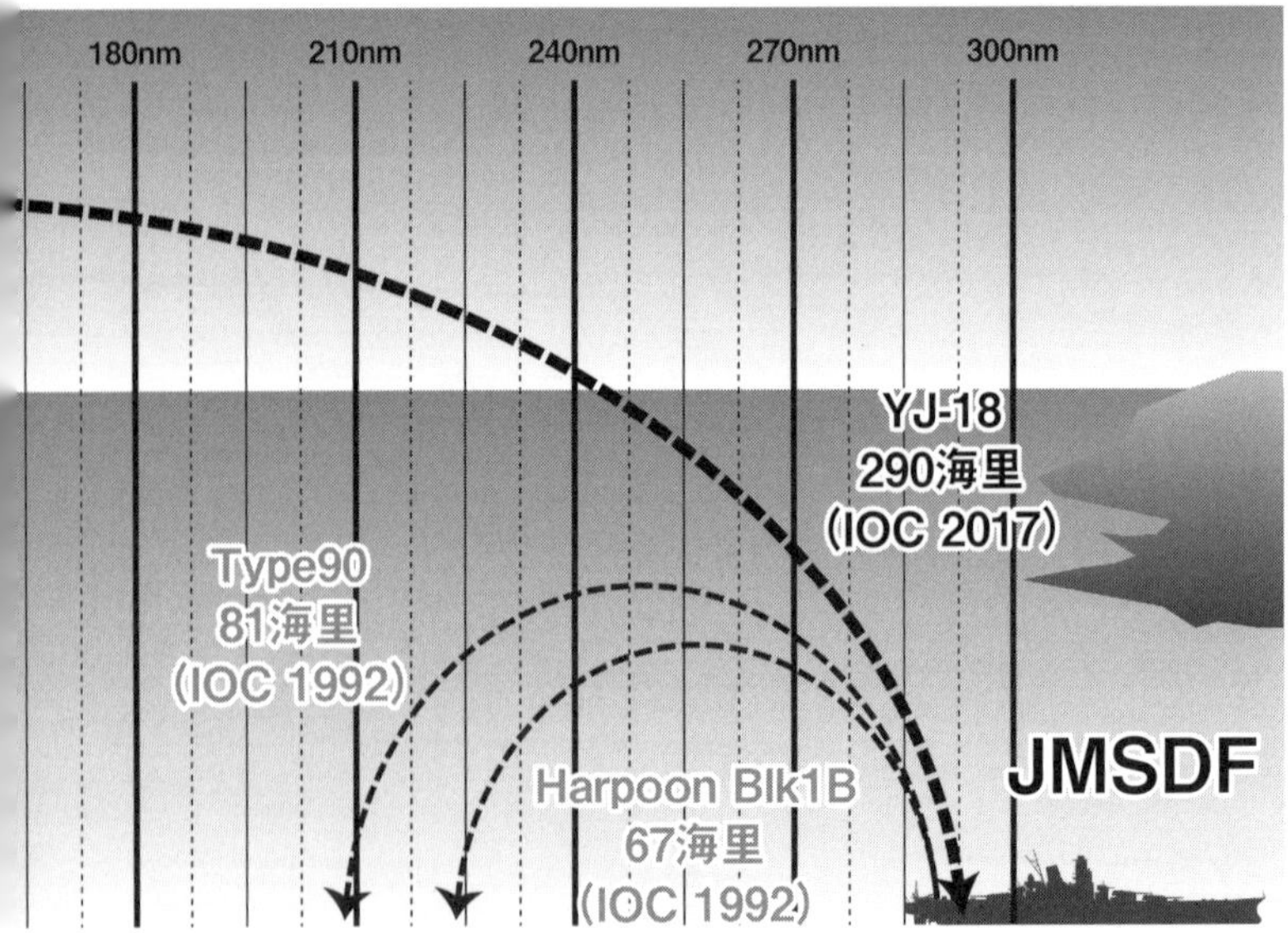

ものだ。中国海軍のVLSセルの約半分は駆逐艦に、残りの半分はフリゲート艦に搭載されている。対照的に、海上自衛隊のVLSは、すべて巡洋艦および駆逐艦に集中している。しかし中国の駆逐艦の数は、日本の護衛艦の艦艇の数を超えてはいないにしても、すでに肩を並べている。これは過去10年間に中国のミサイルが大幅に増加したことを証明している。

【ミサイル射程】

同様に懸念されるのは、中国海軍のミサイルは、海上自衛隊のミサイルの射程外から発射できることである。[*12] 中国海軍は、最新鋭の水上戦闘艦に長射

図10：海上自衛隊と中国海軍の艦対艦ミサイルの射程

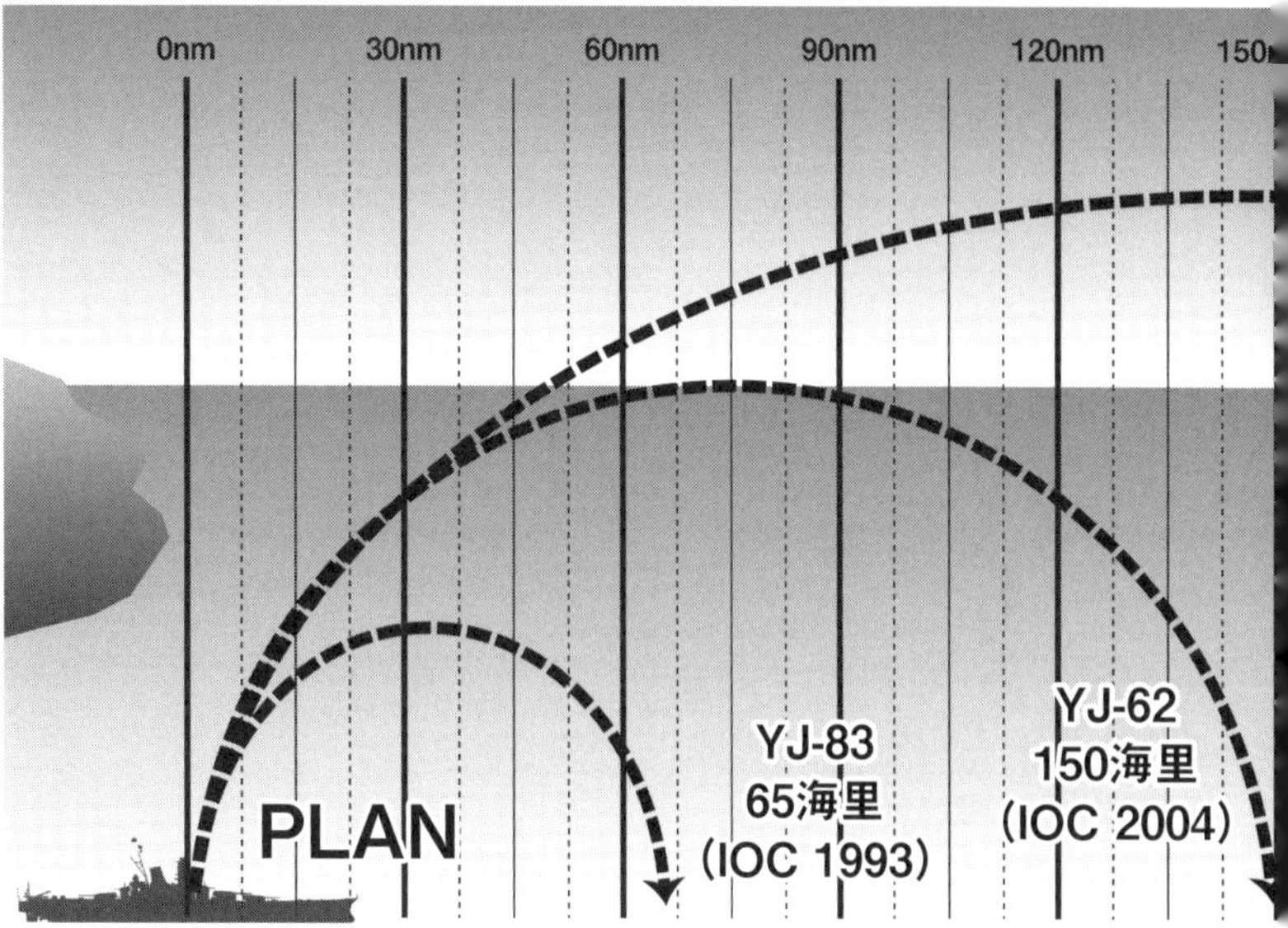

程対艦巡航ミサイル（ＡＳＣＭ）を装備している。[13]

特筆すべきは、ＡＳＣＭの超音速ＹＪ-18の飛翔距離が２９０海里と報告されていることである。日本が保有する兵器でこれと同じタイプの兵器は、亜音速で40年もののハープーン対艦ミサイルと、同じく亜音速で30年ものの90型艦対艦ミサイル（ＳＳＭ-１Ｂ）のみであり、射程はそれぞれ70海里、80海里と言われている[14]（図10参照）。

このような射程の明確な非対称性は、中国の主要な戦闘艦艇が海上自衛隊艦艇の搭載武器範囲を超えて日本艦隊にＡＳＣＭの一斉射撃を行うことを可能にしている。したがって中国海軍は、

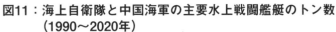

図11：海上自衛隊と中国海軍の主要水上戦闘艦艇のトン数（1990〜2020年）

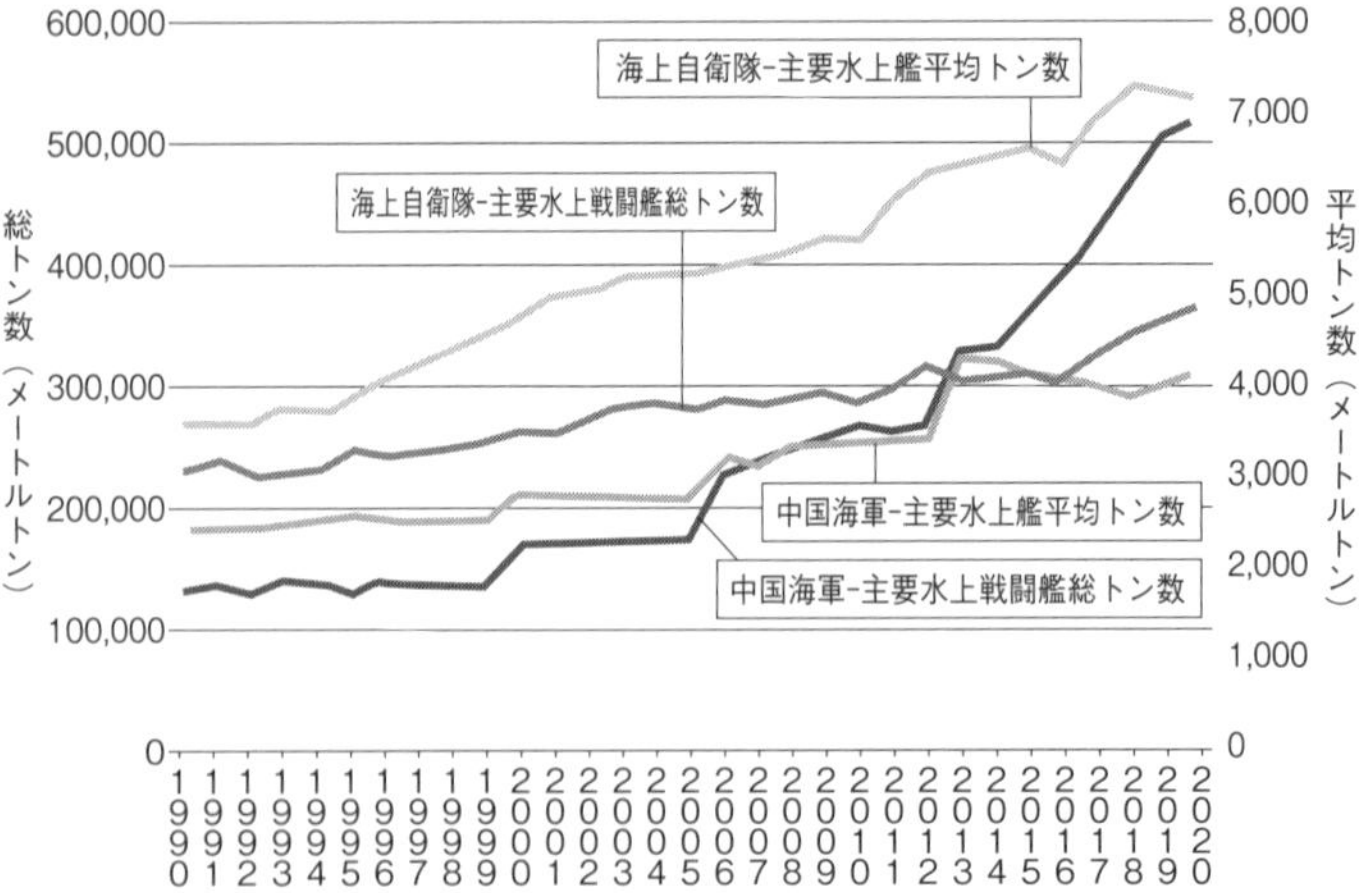

日本艦隊が射程圏内に近づいて中国艦隊に向けて射撃できるようになる前に、日本艦隊に向けて何発ものミサイルを集中して発射することができるのだ。こういった戦術上の優越は主導権を中国海軍に与え、シーマンシップといった質的な欠点を埋める以上のことが可能である。

トン数で見ると、中国海軍と海上自衛隊を比較した結果は様々である。２０１３年に中国の主要水上戦闘艦艇は日本を上回った後、さらに差を広げた。２０２０年現在、中国は総トン数で日本を約40％上回っている。

しかし図11に示したように、海上自衛隊はトン数の増加ペースを平均して維持しており、これは個艦当たりの現有能力と潜在的能力を示すうえで意味のある尺度である。日本と中国の両艦隊はともに１９９０年以来、主要水上戦闘艦艇の平均トン数を２倍にしている。海軍力では、１隻当たりの平均トン数で、海上自衛隊が中国海軍のそれを約45％上回っている。

だが中国が２隻目の空母、レンハイ級巡洋艦、そしてルーヤンⅢ級駆逐艦を追加して就役させていることから、この分野における日本の優位性は長くは続かないだろう。[*15]

【人的資源】

最後に、たとえ日本が大幅な増強のための資源が利用可能であったとしても、人的資源の不足は艦隊拡張能力に関する構造的な制約であることを伝える。[*16]

海上自衛隊は人的レベルで冷戦終結以来、停滞している。１９９７年度から２０２０年度にかけて、定員は４万５７５２人から４万５３６０人と若干減少した。また同じ期間に、人材不足の尺度である充足率は95・４％から93・８％へ低下した。[*17] 日本が「ひゅうが」型や「いずも」型ヘリコプター搭載軽空母といった、さらに大型の艦船を建造する中、慢性的な人員不足で、海上自衛隊は人員の確保に悩まされている。

さらに悪いことに、日本の長期的な人口減少によって、募集対象となる年齢層が大幅に縮小している。[*18] 確かに、人民解放軍も同様に迫り来る人口危機による人手不足の問題に苦しみ、将来的には採用と定着の課題に直面するだろう。しかし日本がすでに長年にわたって、人口減少

ヘリコプター護衛艦「いせ」DDH-182（全長197メートル、基準排水量13,950トン）。同型艦に「ひゅうが」DDH-181がある。各種ヘリコプターを約10機搭載可能である。

ヘリコプター護衛艦「いずも」DDH-183（全長248メートル、基準排水量19,950トン）。同型艦に「かが」DDH-184 がある。各種ヘリコプターを約14機搭載可能である。

の影響を受けているのに対して、人民解放軍の人員不足の問題は今後10年以上かけて表面化する話である。

海軍力に関する多くの指標によれば、日本は中国に取って代わられつつあるか、あるいはすでに取って代わられている。数字だけで海軍力のバランスを完全に説明することはできないが、ここであげた数字は、中国の総合的な国力が海軍力にどのように変換されたかを示している。中国はかつて日本が自負していたシーパワーをいよいよ圧倒している。

なぜ海軍力の不均衡が問題なのか

すでにこのパワーシフトの影響を垣間見ることができる。中国が日本を追い越すことは、数十年にわたって行き渡っていた地域の現状を揺るがす可能性がある。過去が序章だとすれば、中国の急速な海軍力の蓄積は――そして日本がこれに追従不可能なことは――歓迎されない大国間の力学を予告する。

古代から現代に至るまで、海軍力のバランスの大きな変化は大国関係の再編や軍拡競争を引き起こし、時には外交的・技術的革命を起こしてきた。20世紀初頭のドイツ帝国の挑戦に対する英国の総力をあげた対応は、この相互作用の典型である。海軍競争は他国に先んじるためのブレークスルー技術への多額の投資を競わせ、特定の状況下では予防的な軍事攻撃を行わせた。海軍力のバランスが敵に不可逆的な傾きを見せるのではないかという恐れから、日本は1904年にロシア、1941年にはアメリカに攻撃を仕掛けた。

今日では日本が好ましくない海軍動向を未然に防ぐために、直接的な軍事行動をとるとは考えられないが、日本政府は中国の海上進出に対して行動を起こすように、これまで以上に強い圧力の下に置かれるだろう。将来の日本の海洋戦略を長期的な米国の利益と確実に調和させるべく、米国の政策立案者は日本の態勢を強化し、日本の政治家を安心させ、そして抑止と安定を高める方法で日本政府が将来の決定をするように方向づける準備をしなければならない。

日本の苦境と米国戦略への悪影響をもっともよく示している歴史的類似点は、冷戦時代の英国海軍の衰退である。[*19]

1950年代半ば、ソ連は英国を抜いて世界第2位の海軍大国となり、1960年までにソ連海軍のトン数は英国海軍の2倍になった。ソ連は1970年代後半に海軍力の主要な尺度で英国を大きく上回った。たとえば主要な水上戦闘艦艇で3対1、戦略潜水艦以外の潜水艦ではぼ9対1、人員で6対1だった。1980年代初頭までには、英国がNATO加盟国の支援なしに海峡を防衛できるのか、またはソ連のノルウェーに対する高圧的な海軍外交のような限定的な有事に対応できるのか、極めて疑わしくなった。ジェームズ・ケーブル（James Cable）は当時こう述べている。「バイキング時代からこのかた、英国がもっとも可能性の高い潜在的な敵と一般的に考えている国に対して、このような圧倒的な海軍劣勢に苦しんだことはなかった」[*20]。

英国の相対的な衰退は、米国にとって世界的なジレンマをもたらした。1973年のアラブ・イスラエル戦争時に米海軍第6艦隊とソ連地中海艦隊が緊迫して対峙したときのように、米海軍が遠く離れた地域の非常事態で身動きがとれなくなったことがあった。米海軍があまりにも薄く展開しているため、他の戦域を十分にカバーできない懸念があった。ソ連は、欧州の意志の固さを確認するため、ノルウェー沖における威嚇的な海軍作戦行動のように北大西洋を徹底的に調べる機会も探るかもしれなかった。当時、このようなソ連海軍の挑戦に直面した英国海軍の無力さが、モスクワが欧州に対する地域的野心を前進させる道を開き、安定、抑止、そして同盟の結束に深刻な影響を及ぼすことが懸念されていた。

同様の方法で、中国の海洋国家としての台頭は、西太平洋における日本の長年の地位を損なわせる。その過程でアジアにおける米国の地域戦略を損なう可能性がある。冷戦初期から現在に至るまで、日本は米国がアジアで有利な勢力均衡を維持するうえで不可欠な海洋における役割を果たしてきた。1950年代に超大国間の対立が激化すると、日本は米国が主導する太平洋防衛圏の北の要となった。

何十年もの間、日本の自衛隊は、日本の領土と日本列島周辺の空域と海域の確実な防衛力となることで、アメリカの槍を支援するための盾となった。抑止が破綻した場合、日本は米国の前方展開基地へのアクセスを維持し、太平洋の広大な距離をカバーする米国の増援部隊が前線に到達するための時間を稼ぐ。その過程において、海上自衛隊はアジア沿岸の戦域に至る主要な海上からの進入路を掃討し、続いて米海軍と共同で制海権を獲得・行使する作戦を行う。つまり自衛隊は、米国が西太平洋を越えて戦力投射することを可能にし、現在もそれを続けている。また海上自衛隊は、機雷掃海の分野などの米軍に欠落した能力を補い、米海軍の戦力を水の中の戦いを含んで補完してきた。

さらに広い意味で米中海軍力のバランスを評価するには、日本のシーパワーを考慮に入れる必要がある。アジアに平和を維持するための海洋パートナーシップは、米海軍の前方展開戦力と同盟国である海上自衛隊が一体となることによって可能になる。中国政府が米国に対する相対的な立場や選択肢を計算する際には、アジアの安全保障と安定に寄与している日本の依然として高い能力を注意深く考慮しなければならない。

中国政府は日米同盟が圧倒的な軍事的優位を有していると信じるならば、危険を冒すこと、あるいは侵略に取りかかることについて再考するであろう。逆に、もし日本政府が同盟の抑止態勢の中で弱い環になりつつあると判断したならば、中国は鉄のサイコロを振る誘惑にかられるかもしれない。

つまり中国が日本の海軍力を凌駕する可能性は、アジアにおける米国の戦略に対する直接的な挑戦といえる。したがって米国の政策立案者は、日本のシーパワーが相対的に低下していることを、西太平洋における米国の力が低下していることと同義として認識する必要がある。

作戦面では、海上自衛隊は米海軍と同じくらいかそれ以上に、中国の海洋における接近阻止／領域拒否（Ａ２／ＡＤ）に対して脆弱である。人民解放軍による大量の対艦弾道ミサイル（ＡＳＢＭ）や巡航ミサイルを含む長距離精密攻撃システムは、主要な水上戦闘艦艇のすべてを危険にさらしている。紛争時には、中国のロケット部隊の対艦弾道ミサイルＤＦ‐21ＤやＤＦ‐26などの「空母キラー」が、米国のニミッツ級やフォード級と同様、日本の「いずも」や「ひゅうが」型ヘリコプター空母を脅かすことになる。

海上自衛隊の元自衛艦隊司令官である山崎眞海将は、「ＡＳＢＭが単純に大型艦艇から優先して追尾するようにプログラムされているならば、共同作戦中の日米艦艇のうち、米空母に次いでＡＳＢＭの格好の標的となる艦は大型の22ＤＤＨ〈いずも〉だろう」と述べている。[*21] 中国の戦闘ドクトリンの文献によれば、想定上の海戦において米海軍の主力艦であるタイコンデロガ級巡洋艦とアーレイ・バーク級駆逐艦は、人民解放軍の標的となる可能性がある。[*22] そうであれば、人民解放軍の対艦ミサイル戦力は、戦闘中の海上自衛隊の「まや」、「あたご」、「こんごう」型護衛艦に向けられることは、ほぼ確実だろう。中国のＡ２／ＡＤシステムが日米海軍に無差別の脅威をもたらすことを考えると、このような接近阻止兵器に対する効果的な対抗手段は日米同盟にとって互恵的である。実際、中国海軍のもっとも危険な要素を緩和し、無力化するための協調的な努力は、同盟協力の中心的事項とする必要がある。

日本にとってのもう1つのジレンマは、域外で活動している部隊を除く海上自衛隊の部隊全体が、すでに中国の対介入能力（counter-intervention capabilities）の攻撃力の範囲内にあるということである。

人民解放軍の各種弾道・巡航ミサイルは、主要な海軍基地や施設、桟橋に停泊する艦艇等、日本列島のあらゆる固定目標に到達することができる。[*23] この海上自衛隊のアキレス腱をとらえた効果的な中国の先制攻撃は、海上自衛隊に壊滅的な打撃を与える可能性が高い。ミサイルの脅威は日本本土に及ぶ。

予想される海軍力の不均衡、それに伴う競争の圧力、そして懸念すべき軍事技術の傾向は、日米同盟にとってますます好ましくない戦略環境を複合して生んでいる。

またアジアにおける米国戦略に、日本が戦略的かつ作戦的に中心的な役割を果たしていることから、日本のシーパワーの減少は必然的にこの地域における米国の力と目的を損なうことになる。この日本の弱体化は、中国の台頭を方向づけるうえで日本政府の役割とその効果を弱める可能性がある。日本政府は、中国政府の地域的な構想を阻止するために、米国と協調して行動することができなくなる可能性もある。さらに悪くなれば、日本は中国の圧力に屈する可能性もある。日本の相対的な衰退は中国を勢いづかせ、戦後のサンフランシスコ体制を支えてきた権力構造と規範を覆す可能性がある。

あるいは、立場の悪化とそれに伴う不安感が、これまで考えられなかった選択肢に日本を向かわせる可能性もある。日本政府の自国の能力への自信喪失と、米国の安全保障上のコミットメントの信頼性に対する疑念の高まりは、日本政府に独自の核抑止力の検討を強いる可能性がある。[*24]日本の核武装、あるいは日本を核武装へと向かわせる脅威だけでも、日本政府が中国の企みを黙認するのに劣らない程度の悪影響を既存の地域秩序に及ぼしかねない。つまり中国の台頭と日本の衰退は、日本の政策立案者に好ましくない選択を強いる可能性がある。

中国のシーパワーの台頭、および中国側に傾きつつある地域の海軍力バランスは、米国主導の自由主義体制と第二次世界大戦以降に米国がアジアで陣頭指揮を執ってきた長い平和に対する最初の挑戦である。

中国政府が日本に対する自国の立場をどのように評価しているかについて理解することは緊急の分析課題だが、これは今まで組織的かつ厳密に行われてこなかったものである。この研究は、この分析上の欠落を埋めることを試みる。

分析材料と分析手法

本書では、日本のシーパワーに関する中国の視点を調べるために、過去10年間に実績のある情報源と手法を採用している。

特に、米海軍大学の中国海事研究所の研究者は、中国に関係する広範な海洋問題を評価するために一般公開されている中国語の書籍や定期刊行物を活用する道を開いた。彼らの業績は、米国の政策に直接影響を与える重要な洞察をもたらした。たとえば、アンドリュー・エリクソン（Andrew Erickson）が中国の海上民兵を公刊情報を通じて深く研究した結果、この謎の組織は公的な認可を受けていたと結論づけた。エリクソンの研究により、海上民兵と人民解放軍との組織的関係に注目が集まり、彼の働きかけにより米政府が正式に海上民兵を中国当局の公的機関と認定するに至った。[*25]

この研究は同様の分析アプローチを採用し、中国で利用可能な公刊情報を広範に深掘りした。日本の海洋戦略、海軍作戦と能力および海上自衛隊の近代化に関する膨大な中国語文献を調査し、中国による日本のシーパワーに対する評価について結論を導きだした。日本の海事に関する膨大な著作物は、長年にわたって中国本土で定期的に出版されているが、欧米ではほとんど手付かずのままである。このような研究されていない分析対象を活用することで、中国の戦略的思考への窓を開き、レッドチームの視点から日本に関する洞察を提供したいと考えている。

日本の海洋・海事関係に関する中国の文献の内容の深さと広さは、西側の著作物とは対照的である。日本のシーパワーに関する西側の学識は、日本の主要な海上および海軍力としての重要性にもかかわらず、驚くほど遅れている。日本のシーパワーの詳細な研究に専心している研究者も少ない。１９７０年代のジェームズ・アワー（James Auer）のように海上自衛隊の発展や海軍の動向を追っている学者は稀少である。[*26] その中でピーター・ウーリー（Peter Woolley）とユアン・グレアム（Euan Graham）が目立っている。[*27] 英語で書かれた著作物の日本についての学識は同様に限られている。[*28] 優れた文献は香田洋二海将など、海上自衛隊の高級幹部が執筆することが多い。[*29]

この分野でもっとも多作な欧米の学者は、ロンドン大学キングス・カレッジのアレッシオ・パタラーノ（Alessio Patalano）である。彼の著書『Post-war Japan as a Sea Power』は、海上自衛隊に関するもっとも権威ある業績の1つである。[*30] 一次資料と海上自衛隊内の広範な親交を活用して、彼は日本のシーパワーを、形成と制度的なアイデンティティ、伝統、文化、戦略の関連性について考察している。彼の行った古典的戦略の分析への応用は、この著作物にさらなる価値を付加している。その他の文献も同様に戦略を中心にまとめられており、制度や国内政治を中心とした研究とは一線を画している。[*31]

日本のシーパワーに関する英語の著作物は少なく、内容も一様ではないのとは対照的に、日本の海軍力と戦略に関する中国の文献は豊富にあり、しかも詳細だ。中国で海上自衛隊ほど注目されているのは、米海軍を除いて他にない。この公刊情報の著作物は、日本の海上におけるライバルが目を見張るような評価を下している。日本の海洋の将来と、それが中国の安全保障に与える影響については、学者、研究者、軍人が分析に関わっている。これらの分析は、海上自衛隊の強点と弱点を精緻《せいち》に評価し、日中海軍の競争の軌跡について明確な判断を下すだろう。

これらの分析対象が拡散している状況は、部分的には、公的機関の認可を反映している。中国指導部は10年以上にわたり、戦略家、軍の将校や様々な種類の学者たちの間で比較的自由な議論を許可し、国の海洋の未来を守ることを奨励している。このような政治的な流れを受けて、中国の各大学やシンクタンク、海軍研究機関、造船業界出身の知識豊富な評論家たち、そして海軍関係の軍産複合体関連の出版物は、国家や社会に対してシーパワーの追求を強く求めている。習近平国家主席が、中国を再生させ海洋大国にすると宣言したことで、これらのシーパワー支持者たちは中国の海洋進出を正当化しようとしている。

その結果、海軍問題に関する公式、技術的、そして一般向けの文献は、海洋環境の評価、中国政府の利益に対する脅威、そして中国の海洋進出を促進するための戦略を含め、中国国内にあふれている。これらは、海軍政策、戦略、作戦、戦術に関する政策コミュニティ内の議論を示す信頼できる指標であることが多い。また中国の海洋戦略の全般的な方向性も取り扱っている。言い換えれば、これらの文献を入念に活用した場合には、中国の政治家や軍の指揮官がいかに海洋周縁部や海上における中国の潜在的な敵対勢力を、自らの目的に合致したものにしようとしているかについて、早期に警告する役割を果たすことになる。日中の海洋関係の文脈では、隣の島国と比較した相対的な競争力に対する中国の自信の高まりがうかがえる。中国政府が最終的に日本政府を従わせる潜在的な能力を獲得するという新たな信念は、もし環境がこのような威嚇を正当化するなら、著作物に示されたような自信満々の態度を伴って現れてくることになるだろう。

この研究が多くの著作物を利用して示すように、日本のシーパワーに対する中国人の態度は変化している。

最近まで日本という海洋強国に対する中国政府の見方は、嫌悪と不承不承の称賛が複雑に入り交じるものであった。海上自衛隊は、中国が数十年にわたって実現したいと望んできた一流の地域海軍であった。その高い技術と熟練したシーマンシップは、今なお海洋国家の羨望の的である。中国は自国のライバルが依然として、海洋分野で質的優位を保っていることをあっさりと認めている。中国は日本を中国海軍自身の進歩の状況を測るベンチマークと見ている。

しかし遠からず中国海軍が、海上自衛隊を追い越すとの見方が強まっている。中国にとって、海において日本に取って代わることは、前提条件ではないにしても、中国が地域情勢をより自分の好みに合わせて変化させるための重要な条件である。当然のことながら、日本のシーパワーには中国海軍と識者の間でかなりの支持者がいる。

中国の研究者が日本の軍事、海洋、海事研究に力を注いできた真剣さを示すために、以下のサンプルを検討してみる。

中国社会科学院日本研究所は２０１０年から毎年『日本青書（日本研究報告）』を発行している。この本は中国でもっとも信頼されているシンクタンクや大学のトップ研究者が日本について書いたエッセイを集めたものである。特に、２０１７年号のテーマは「日本の海洋戦略の変容と日中関係」だった。[*32] 海洋大国としての日本の姿から始まり、海と空の危機管理メカニズム、北極戦略まで、７つの章からなっている。執筆者は、中国社会科学院の日本研究所、中国国際問題研究所、人民大学、中国政法大学、中国海洋大学等の学者である。この年次報告書は、日本の海洋問題に対する実質的な学術的関心を証明している。

国防大学戦略学科講師の王志堅（Wang Zhijian）大佐は、戦後日本の軍事戦略に関する大著を執筆した。[*33] 同書は、冷戦期から現在までの日本の安全保障戦略の変遷をたどり、自衛隊の将来の方向性を検証し、日米同盟とその地域情勢および中国の利益への影響を評価している。この研究は、日本の軍事力を支える制度と能力を包括的に把握している点で印象的である。

石宏（Shi Hong）は自衛隊を軍種で分析し、陸海空自衛隊の詳細な実態を自著で明らかにした。[*34] ここには、組織構造、基地インフラ、機器、各自衛隊の人員に関する百科事典的なデータと情報が含まれている。

人民解放軍陸軍工程大学の講師で、長年日本の軍事問題を観察してきた华丹（Hua Dan）は、自衛隊をテーマ別に見ている。[*35] 华丹は、自衛隊の国家や社会との複雑な関係を強調し、自衛隊が冷戦後の状況にどのように適応してきたかを示し、特に自衛隊が日本国民や国際社会の目に

図12：海上自衛隊基地および沖縄からの距離

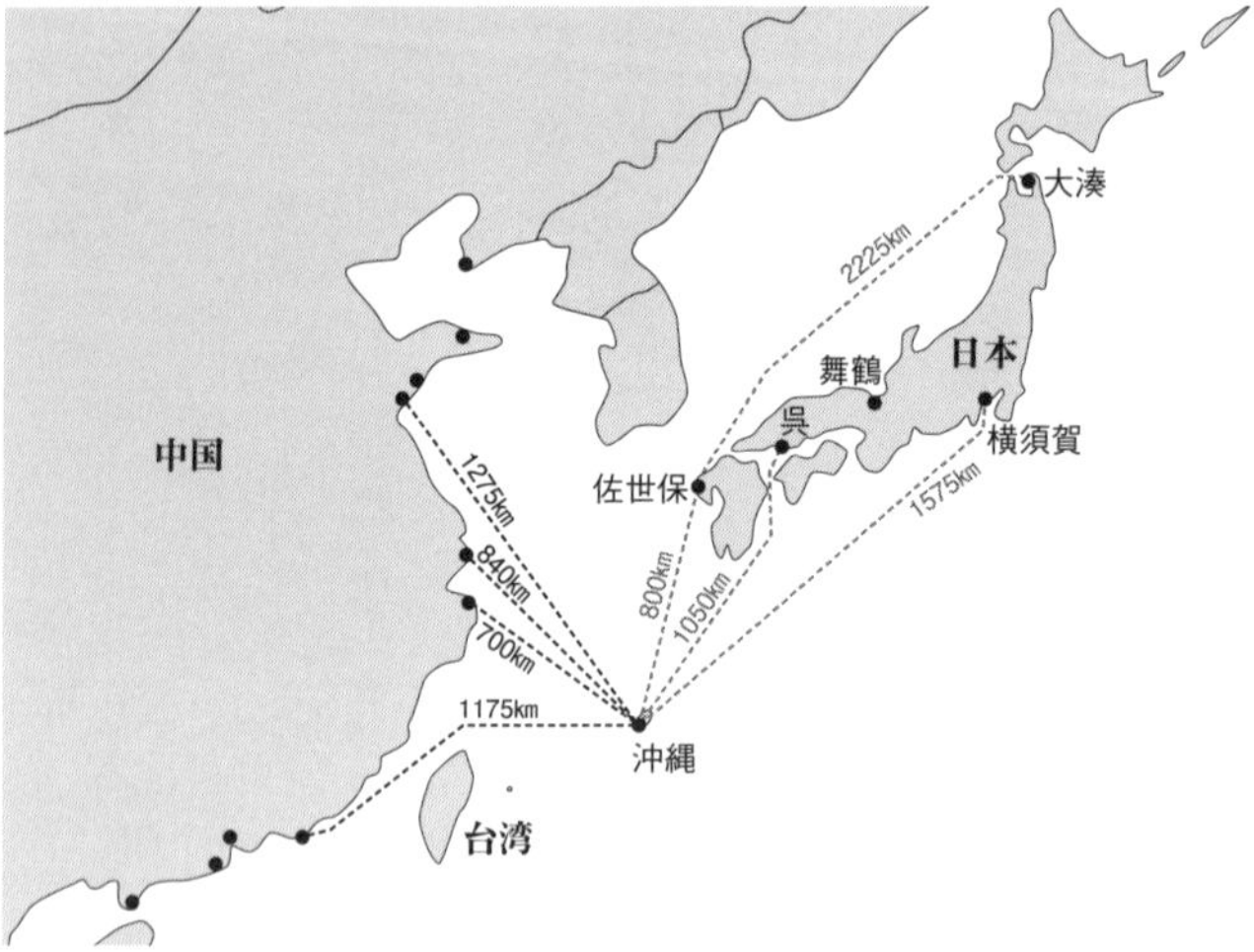

どのように映っているかをよく認識している。もっとも印象的だったのは、曹暁光（Cao Xiaoguang）少佐が執筆した600頁以上に及ぶ海上自衛隊に関する本だった。[*36] 日本列島に点在する主要な海上自衛隊の基地を中心に構成され、横須賀、佐世保、呉、舞鶴、大湊および海上自衛隊の航空部隊が所在する航空基地を調査対象としている。弾薬庫や燃料庫の場所や大きさ等、この本の詳細さは印象的である。本書では中国の視点をよりよく理解するために、これら研究成果を分析する。

特定の単一分野に絞った研究に加えて、この報告書は一般的な関心のある定期刊行物に大きく依存している。重視した4つの専門誌は『当代海軍（当代海军）』、『現代艦船（現代舰船）』、『艦船知識（舰船知识）』、『艦載武器（舰载武器）』である。

『当代海軍』は、中国海軍政治部が管理している。元中国船舶重工集団公司（現「中国船舶集団）は『現代艦船』と『艦載武器』を、元中国船舶工業集団（現「中国船舶集団」）は『艦船知識』を発行している。

これら2つの国有企業はもともと中国の2大造船グループであったが、2019年11月に合併し、中国船舶集団となった。この新会社は世界最大の造船会社である。[*37] 政府が補助金を出している出版機関は、それを擁護しているとは言わないまでも、海軍―産業複合体―の代表である。彼らは海軍とシーパワーを代表して議論を進める既得権を持っている。また、海軍や造船業と密接な関係を有する公的機関として、海軍分野にアクセスすることができる。

それらの著作物は、中国人が日本の文献の熱心な購入者であることを示している。中国海軍の機関誌には、日本の優秀な学者やアナリストが執筆した『世界の艦船』や『軍事研究』等の専門誌に掲載された論文の完全な翻訳や要約が頻繁に掲載されている。特に、威厳と識見のある海上自衛隊幹部の発言に注目し、元自衛隊艦隊司令官の香田洋二海将の文献を注視している。[*38] このほかにも中国の専門誌は元自衛艦隊司令官の山崎眞海将、元潜水艦隊司令官の矢野一樹海将、元潜水艦隊司令官の小林正男海将の論文も翻訳している。[*39] また、笹川平和財団の小原凡司のような日本のシンクタンクの著名な学者による分析結果を中国の読者に提供している。[*40] 中国雑誌の編集スタッフにとって、日本が中国海軍や海上自衛隊をどのように評価しているかを明らかにする記事は非常に興味深く映る。

日本は、中国の海軍研究者にとって一時的な憧れの対象ではない。中国にとって日本研究は、アメリカ研究と同じようにほとんど強迫観念にとりつかれて実施する対象である。中国人が日本について考えたり書いたりするのは、何気ない好奇心や、はかない興味の産物ではない。むしろ、何年にもわたる綿密な調査の結果である。このように中国の著作物は、中国の学者やアナリストが辛抱強く深く研究して、蓄積してきた知識として価値がある。

しかし分析対象と分析手法については、注意が必要である。[*41] これらの公刊情報は中国政府、中国共産党、軍隊の代弁者ではなく、公式の政策や軍事的指導と一緒に考えられるべきではない。むしろ、当局が政治的に許容できると考える範囲内で、十分な情報を得たうえでの議論と考えるべきである。以下に概観する分析には、西側の学界、シンクタンク、軍事専門誌等で行われている分析に近いものがある。しかし、このような類推は不完全なものである。多くの議論と不確実性がこれら文献を取り巻いている。[*42] 信頼性の低いアナリストに作成された研究もあるかもしれないが、それでも価値のある洞察を含んでいる。他のものは無視されるべき粗雑な仕事かもしれない。したがって、これらの情報源を使用する際には注意が必要である。

中国の専門家の間で行われている情報に基づいた議論が、党の内部的な議論や政策をどの程度反映しているかは不明であり、確認するのは困難である。

しかし特定の機関や団体は、他の機関や団体よりも政策や評判に重きを置いている可能性が高い。たとえば人民解放軍国防大学（NDU）は、国内外で高い評価を得ており、影響力のある上級指導者の組織的な拠点となっている。马晓天（Ma Xiaotian）元副総参謀長は、同大学校長を経て、後に空軍司令官に昇進し、中国共産党の最高機関である中国共産党中央委員会のメンバーとなった。[*43] 国防大学の政治委員を10年近く務めた刘亚洲（Liu Yazhou）空軍大将は、習近平の側近だった。[*44] 確かに、ある組織の重要性と名声を、その組織から出た個々の学識の権威と混同してはならない。にもかかわらず著者の所属は、その著作の信頼性と影響力についての有用な手がかりを提供している。少なくとも組織的提携は、外部の観察者が公開情報を選択し、ランク付けし、優先順位をつけることができる尺度の1つである。

いずれにせよ中国の二次情報源は、額面通りに受け取るべきではない。文献の分析的価値を吟味し確認するためには、著作物に没入した長い歳月に基づく判断と経験が必要である。透明性はまた、情報源に対するそのような曖昧《あいまい》さへの1つの解決策である。本書では可能な範囲で、以下に引用した著者の背景、専門知識、組織的所属を明らかにする。そのような適正評価が不可能な場合もある。たとえば軍の定期刊行物の寄稿者の中には、ペンネームで執筆している者がいるため、身元確認の障壁を高くしている。本書は、そのような情報源の使用を正当化するために誠実に努力していく。

公刊情報を分析する幅広い価値

本書は、中国人に自分たちについて話させるものである。次の2つの章では、中国本土の著者に直接働きかけ、彼らの言葉を長く引用する。このアプローチは、中国人著者のフィルターにかけられていない視点により、読者が中国の世界観をよりよく理解できるというロジックを前提としている。

中国の世界観は西側の世界観としばしば異なるか、根本的に異なる場合がある。このような著作物に没入した体験は、観察者を中国の戦略家や政策立案者の立場に立たせてくれる。これは、研究対象（この場合、中国人）が、それらを研究している者のように考え、行動することを仮定してしまう、ミラーイメージングのような認知トラップを見極めるのに役立つ。このようなレッドチームの訓練は、中国の戦略、作戦行動の傾向、戦術的選好について西側の観測筋が抱いているかもしれない仮説を明らかにして、それに異議を唱えるのにも役立つだろう。

第3章 海洋競争の源泉と歴史的確執

日中関係の大きな変化を背景にして、中国のシーパワーに対する海上自衛隊の劇的な地位の低下が起きている。

過去20年間、中国が世界を舞台に力を伸ばしてきたことは、日本経済の低迷、相対的な衰退、自信の低下と一致している。中国政府と日本政府の地位が転換したことは、中国政府に海洋でより積極的な戦略を追求させ、日本政府に自国の海洋上の特権と利益を用心深く、そしてより積極的に防衛させるようになった。この急速な権力の移行は、ある部分で中国と日本の関係を何十年にもわたって規定してきた敵意を強めている。

多くの中国のアナリストによれば、権力の移行とそれに伴う影響力の獲得競争という事象のみでは、アジア２国間の海軍力学を部分的にしか説明できていない。日本の「失われた数十年」

から生じる不安、地政学的な位置、米国との同盟関係、地域戦略および域外戦略、戦略的文化のすべての要素が、日中海軍関係を激しい対立へと向かわせている。当然ながら、中国では悲観論が根強い。実際、中国本土の観測筋は、日本が中国の海洋進出を阻害し、中国が偉大な海洋国家になるという計画を積極的に阻止していると確信している。彼らにとって、日本と中国は、たとえ戦わないにしても競争する運命にあると考えている。

ここでは中国の著作物を用いて、海洋競争の根底にある物質的・無形的な原因について概観する。

パワーシフトが生む日本の不安感

複数の戦略家が分析しているところによると、中国の急速な台頭によってもたらされた不安のために、日本政府は中国のシーパワーを誇張し恐れるようになっている。この説明は、近年西側と中国で普及している「トゥキディデスの罠」（リスク、情報源、台頭する力と衰退する力の対立）と合致している。[*1] この理論に呼応して、中国国防大学の王志堅大佐は次のように述べている。

中国の台頭は、日本が強く中国が弱かった長年にわたる非対称な権力構造を変えた。東アジアに初めて２つの大国が共存した。このような均衡状態は、中国の戦略的意図や東アジアにおける「華夷秩序《かいちつじょ》」の復活に対する日本のリアリストが主導する懸念を強めた。こうした不安は、日本で流行している「中国脅威論」の主要な源泉である。[*2]

復旦大学日本研究センター副主任の高兰（Gao Lan）も「日本が〝中国脅威論〟を流布した根本的な理由は、冷戦後、日中の総合国力の比較優位が逆転したことにある」と指摘する。[*3]中国が経済規模と軍事力で日本を追い抜いた後、日本政府は隣国に対する政策と想定を見直さざるを得なくなった。高兰によると、２０１１年以降、中国の意図に対する日本の判断は「非常に悲観的（非常悲观）」となり、中国の台頭に対する日本の態度や反応は硬化した。高兰はさらに「日本人は、中国との紛争では力を見せなければならず、日本は引き下がってはならないと考えている。なぜなら日本人は台頭する中国に対する弱気なサインは、中国の勢力拡大を促すだけと考えているからである」[*4]と述べている。

力の不均衡の拡大は、日本政府にこれまで以上に用心して自国の利益を守ろうとさせている。高兰は、日本が中国に遅れを取らないために、自らの立場を守り、衰退を遅らせようと、より機敏に行動するようになると予想している。中国に対する日本の相対的な力に関する敏感さは、日本の政策立案者が中国の海洋分野における進展に反応するか、あるいは過剰に反応するように条件づけ、その結果として競争となる可能性が高い。

丁云宝（Ding Yunbao）と辛方坤（Xin Fangkun）は、日本の対中懸念は2010年に中国経済が日本経済を追い抜いた瞬間に端を発すると考察している。彼らの見解では、多くの中国人は転換点を軽視し、その代わりに中国のほうが少ない1人当たりGDPの格差を強調したが、日本の懸念は高まった。2人の述べるところでは、パワーシフトは「日本に大きな衝撃と恐怖を与えた。1世紀にわたりアジアで優越感を保持してきた日本を大いに驚かせた」[*5]。歴史的にも重大な日本経済の逆転は、19世紀後半以降、アジアの国家を主導する地位に慣れていた日本のエリートや一般の人々に重くのしかかった。さらに悪いことに、軍事バランスの変化と日本および西太平洋周辺で拡大している中国の積極行動主義は、中国政府が平和的に台頭していると繰り返し再保証しているにもかかわらず、「日本が中国に対する疑念を払拭することを不可能にした」。「この近隣諸国に対する不安感」は、彼らによれば「自国の海洋権益を守り、極めて重要な海域を守ることのできる海洋戦力を構築したいという強い願望を生み出した」[*6]。

廉德瑰（Lian Degui）と金永明（Jin Yongming）は、経済・軍事力のバランスが悪化したことから、日本は中国の海上における脅威を再評価し、敵対視するようになったと主張する。

近年、中国が経済的・軍事的に台頭してきたことから、日本の海洋戦略は対中防衛を主要な目標としている。日本は中国を大陸国家と見ているが、中国は海洋進出の意志を明確に示していると考えている。その結果、日本は日本のような海洋国家と中国との対立は避けられないとの結論に達した。[*7]

この日本の認識の変化に関するナラティブは、大国の政治に対する現実的な理解を前提としている。中国の著者は、ゼロサム的世界観が日本の政策を動かし、中国の台頭が日本の海洋アジアにおける地位を低下させないようにしていると推測している。

このため中国の観測筋は、日本の海洋における態勢の変化を、中国の海洋進出に対する直接的な反応だと見る傾向がある。彼らは、日本政府が中国の海洋権益にますます敵対的になると確信している。中国海洋大学の日本専門家である修斌（Xiu Bin）にとって、日本の海洋戦略が「中国の海洋開発を牽制（牵制）し、抑制（遏制）する」ことを目指していることは非常に明白である。[*8]実際のところ、修斌は「日本は中国の発展を脅威と見ており、その海軍戦略は当然のことながら中国を主要な敵として扱ってきた」と断言している。[*9]

第1列島線――中国の海洋進出の障壁

パワーシフトが中国の海軍力に関する日本の認識に与える影響以外にも、他の構造的要因が働いている。中国の戦略家たちは、自国の海洋の未来を評価する際、閉所恐怖症的な雰囲気の中での戦いを予想している。

中国人の目には、中国のすぐ沿岸にある一連の島々――ユーラシア大陸の東端を取り囲む「第1列島線」は、アメリカとその同盟国である日本が監視塔を置いている逆さまの万里の長城のように見え、これが中国の海洋活動の自由を奪っているように感じている。

中国にとって、列島線は単なる物理的な障壁であるだけでなく、その場所を占拠している者、たとえば日本のような強力な海上競争国から受けるであろう抵抗の喩《たと》えでもある。したがって列島線を表す適切な喩えはバリケードであり、対抗する力をかわすために積極的な防御者が配置された物理的障害物の列である。

第1列島線とは、ユーラシア大陸東部をすっぽり包んでいる沖合の群島のことである。列島線の主な拠点は、日本の本土、琉球諸島、台湾、フィリピン諸島である。第1列島線は中国本土をアジアの中心とする中国固有の世界観から来る地理的構造物である。そして確かに、海を志向する中国はこの列島線に直面せざるを得ない。この列島線は中国の長い海岸線とほぼ平行しており、その外側に中国の港はない。さらに悪いことに、第1列島線を構成する日本、台湾、フィリピンの外側には、グアムを中心とした、より距離があり緩やかな島嶼《とうしょ》グループである「第2列島線」が中国を中心に同心円上に形成されている。端的に言えば、中国独自の視点は、列島線という概念に目に見える地理空間の意味を吹き込んでいる。

この地理的概念は単に学術的な議論の主題ではない。それは公式の辞書に不可欠である。特に、人民解放軍軍事用語辞典は、第1列島線を「日本列島から北へ、琉球諸島、台湾島、フィリピン諸島、パラワン諸島を経て、カリマンタン島等に至る中国の海域の外洋周に沿って形成された鎖状の群島」と定義している。[*10]

同じ人民解放軍軍事用語辞典では、第2列島線を「北は日本列島から始まり、小笠原諸島、硫黄島、マリアナ諸島、ヤップ諸島、パラオ諸島を経て、マルク諸島等に至る第1列島線よりも広い海域を占める弧状の列島線状の群島」と定義している。[*11]

第1列島線と第2列島線に共通する特徴は、日本が目立っていることである。

多くの中国の観測筋にとって、日本は中国の西太平洋へのアクセス、ひいては中国のより大きな海洋の野望の障害となっている。刘宝银（Liu Baoyin）と杨晓梅（Yang Xiaomei）によれば、日本列島は「通行不能な海の大壁」であり、東北アジアと太平洋を結ぶシーレーンの大半を日本が支配している。日本は太平洋への「巨大な門」であるだけでなく、アジア諸国が経済的に発展し海洋に向かって軍事的に行動する能力に対する「大きな制約」としての役割も果たし得ると見ている。[*12]

刘宝银と杨晓梅はさらに、列島がユーラシア大陸東部に隣接しているため、日本を拠点とする部隊が、黄海と東シナ海の全域やアジア大陸の奥深くに戦力投射できると主張する。彼らは「日本本土の基地から離陸した先進的な戦闘機の戦闘行動半径は東アジアの内陸部に達する可能性があり、日本の港から出港した軍艦は途中で燃料補給をしなくても東アジアの沿岸海域で活動できる」と見ている。[*13]

また、日本は防御だけでなく攻撃も可能な壁の一部を形成しているため、日米同盟の総合的な軍事力を有する日本列島は、中国のアジアにおける米国の前方プレゼンスの評価において重要な位置を占めている。

冯梁（Feng Liang）と段廷志（Duan Tingzhi）は、次のように主張する。

日本の現在の海洋安全保障戦略は、日米シーパワーの協力を基軸とする海洋同盟に支えられている。海洋総合力と海軍力のいずれで測った場合も、両国は中国より優れている。

さらに、両者は列島線による包囲および海洋方向から容易に中国を圧迫できる態勢から生じる好都合の地理的利点を有する。[*14]

これらの著者は明らかに、中国の海洋進出の野望を打ち砕く決意、能力、地理的位置を備えた戦略的なブロックを見ている。その後の研究で、刘宝银と杨晓梅は、列島線へのアクセスをめぐる争いが、中国と米国、そして暗に日本との間の競争の顕著な特徴として表れるだろうと予測した。日米中の3国にとって、海へアクセスする能力を得ることは、必然的に他者のアクセスを拒否する能力を与える。2人は、列島線を自由に移動する力は基本的にゼロサム・ゲームだと考え、次のように述べている。

国際関係において「障壁」と「通路」は相対的な概念である。中国が、この海域の〝列島線で囲まれた〟海域を支配する手段を保有して初めて、中国は〝列島線〟に沿って障壁を建設したり、〝列島線〟を通って自由に通行できるようになる。米国も同じであり、列島線および島の間の海峡を支配することによって中国周辺海域での主導権を確保した。[*15]

中国海軍の公式ハンドブックによれば、アジアにおける米国の優位性は明らかに2つの列島線における米国の前方プレゼンスと、それらの列島線を境界とする海域の支配にある。

また、「第二次世界大戦後、米国はフィリピン海域全体を支配し、その海域を囲む2つの島弧を西と東に開拓し、2層の『島鎖地域』を構築した」[*16]。これは、中国が米国の地域支配の一部は2つの列島線に沿った有利な地形を占拠することにあると考えていることを暗に示している。

さらに日本列島には、中国の商船と軍艦が太平洋やインド洋の公海に到達するために、その性格上通過しなければならない海峡とチョークポイント〈シーパワーを制するにあたり戦略的に重要となる海上水路〉が連なっている。史春林（Shi Chunlin）が指摘するように、「中国の外洋航行は、第1列島線に沿って日本と台湾が主に形成する海峡を通過しなければならない。たとえば、中国の東部・北部の港から日本海を経て太平洋に向かう船は、日本に近い宗谷海峡、津軽海峡、対馬海峡等の重要な国際海峡を通過しなければならない」[*17]。

日本の位置は、中国の経済的活力に不可欠な主要な海上交通路にまたがることで、日本とその同盟国である米国に大きな戦略的な手段を与えている。史春林は「冷戦時代から現在に至るまで、日本は常に米国と積極的に協調し、西太平洋の列島線を中国に向けて封鎖し、中国を封じ込めてきた」[*18]と述べる。また彼は、日本は宗谷海峡、津軽海峡、対馬海峡、宮古海峡を通過する中国の動向を監視し、その狭い海域で中国に圧力をかけることができる「鎖型の防衛線」

であると見ている。[19]

琉球諸島——日米同盟の重要防衛線

地政学に詳しい評論家は、日本列島から台湾へと弧を描く琉球諸島、別名では南西諸島に注目している。この三日月形をした群島は太平洋から中国を実質的に切り離している、と苛立《いらだ》つ者もいる。日本を「中国の太平洋へのアクセスを監視している」と表現して、廉徳瑰と金永明は次のように主張する。

中国を封じ込めるという観点から、日本はもともと地理的に優位な位置を占めている。南西諸島が黄海および東シナ海から太平洋への航行を妨害している。（中略）特に、琉球諸島は中国の接近を阻む境界線であり、日本に有利な戦略的立場を与えている。（紛争中に）列島線の背後に中国を封じ込めば、米国が増援部隊を引き入れる時間を稼ぐことができる。[20]

さらに琉球諸島は、西太平洋における米国軍事力の主要な集結地となっている。人民解放軍国防大学の沈伟烈（Shen Weilie）教授は、沖縄を米国のアジアにおける「西方戦略」の「前線」

と見なしている。[21] 彼は、上海、杭州、厦門《アモイ》等の都市がこの島からほど近い距離にあり、米軍は沖縄から大隅海峡、宮古海峡を監視し、封鎖することができると指摘している。

琉球諸島に対する米国と日本の位置という攻勢的な潜在力と、それによる中国の国益に対する脅威は、これらの障壁を突破し、海洋公域（maritime commons）へのアクセスを確保するための軍事手段を中国に開発させた。特に、海軍力と空軍力は選択可能な手段として出現した。张小稳（Zhang Xiaowen）が指摘するように「日本周辺海域いわゆる〝南西諸島〟（中略）は中国海軍が外洋に進出するために通過しなければならない列島線によって制約された重要な通路である」[22]。同様に、中国の海軍軍事学研究所の郭亚东（Guo Yadong）は、具体的な軍事的根拠に基づいて中国海軍の頻繁な宮古海峡通過を正当化している。精密誘導兵器の急速な進歩、複雑な気象条件や電磁条件の下での現実的な訓練の必要性、外洋での兵站を強化する必要性はすべての公海へのアクセスを要求している。これらの理由から、郭亚东によれば「中国海軍の遠海への進出は、第1列島線という障壁を打ち砕かなければならない」[23]。つまり、米国の戦力投射部隊を捕捉する主な理論的根拠は、列島線を断ち切ることにある。

中国のメディア――中国共産党の代弁者――が、中国海軍と空軍機の宮古海峡通過を列島線の束縛を解放する国家能力を示す武力の誇示であると描写していることは、中国の本心を表してい

男女群島(長崎県)の南西約420kmの海域を南東進するクズネツォフ級空母「遼寧」(全長304.5メートル、基準排水量46,637トン)。前身はソ連の未完成空母ワリャーグ(出典：統合幕僚監部)。

る。

たとえば、新聞は空母「遼寧《りょうねい》」と３隻のミサイル駆逐艦、２隻のミサイル・フリゲート艦で構成される中国の空母任務部隊が、２０１６年12月に初めて第１列島線を「突破（突破）」したことを、興奮した様子で詳細に報じた。[*24] 中国の最近代的な戦闘機や長距離輸送機の戦闘即応性や作戦範囲を称賛する記事の中で、２人のジャーナリストが「空軍は第１列島線を突破し、複数の海峡を越えて西太平洋に飛行した」と報じている。[*25]

これらの平時の活動は、戦時においていかに戦闘作戦が展開されるか、さらに重要なことは、いかにうまく人民解放軍が機能するかについて、最大でも間接的に関係しているに過ぎない。それでもなお抑止力の失敗がもたらす結果について、日本の懸念を表明している。廉徳瑰と金永明は次のように論じている。

日中間および米中間の軍事バランスが絶えず変化していることに、日米両国は不安を募らせている。彼らは東シナ海の海と空の支配権を失うのではないかと心配している。彼らは、仮に釣魚島と南西諸島全体、あるいは八重山諸島が紛争で中国の支配下に置かれた場合、中国が妨害されることなく太平洋にアクセスできるようになることを恐れている。[*26]

2人のアナリストによれば、日本の懸念は中国の平時の作戦行動をはるかに超えている。日本政府は、自国の南方側面が戦争で人民解放軍に奪われる可能性があると懸念している。そのようなシナリオが想像できるほど、中国は国力の増大について大きな自信を持っている。

地理と紛争の歴史

紛争の歴史は、日本が第1列島線の北の支えであるとする中国の戦略家の見解について、多くを教えてくれる。

1950年以来、日本に駐留する米軍がアジアの海や空でとった行動を例にとる。朝鮮戦争の初期には、米国の増援軍は日本を経由して、北朝鮮の朝鮮半島南下を止めて後退させた。海上から派遣された遠征軍は共産主義者の勝利を拒否した。その結果、中国は敗北を回避するために大きな犠牲を払って介入せざるを得ないと感じた。
中国の立場からもっとも痛かったことは、ハリー・トルーマン大統領が第7艦隊を中台間に派遣し、冷戦の最初の数十年で台湾を占領するという共産主義の希望を終わらせ、米中の敵対関係を形作ったことだろう。アイゼンハワー政権下の1954年と1958年の台湾海峡危機では、国民党政府軍を支援するために米海軍が護衛とパトロールに当たった。つまり中国は、台湾抜きでは完璧でも完全でもなく、運命の支配者でもないことを意味すると、第1列島線はこの国を不断に叱責している。列島線は地図に転写された刺激物である。

こういった米中の遭遇は何十年も断続的に続いた。1960年にはB-52爆撃機が沖縄から北ベトナムに向けて爆撃を行い、中国の玄関口に空爆を行った。1995年から1996年にかけての台湾海峡危機の最中、ビル・クリントン大統領は台湾近海に2個空母戦闘群を派遣して武力を誇示した。米海軍の唯一の常時前方展開型空母である横須賀を母港とする空母インディペンデンスは、米国の決心を伝えるのに一役買った。[*27]
それゆえ米海軍と日本での基地協定は、多くの中国人に中国の地理的苦境を常に思い出させてきた。

さらに中国政府は過去20年間にわたり、米国による本土沿岸での偵察・監視任務―その多くは日本からのものである―を押し返してきた。中国はこのような情報収集活動を、敵対的ではないにしても非友好的であると長い間考えてきた。しかし人民解放軍の目覚ましい軍事近代化により、中国政府は米国の海軍および航空作戦に対する修辞的な反対を行動で裏づけることができるようになった。[*28]

国際空域と海域で危険な遭遇が発生してきた。注目すべき事件としては、2001年4月の中国戦闘機と米海軍偵察機との衝突、2009年3月の中国漁船および中国政府公船による米海軍海洋調査船へのハラスメント、2013年11月の米海軍巡洋艦と中国海軍水陸両用輸送艦との異常接近、2018年9月の米海軍駆逐艦と中国海軍駆逐艦との異常接近、さらには数多くの米偵察機に対する中国の危険なインターセプトの事例を挙げることができる。こうした平時の作戦を可能にする日本の基地協定を考え、中国人は、中国政府が米軍による侵略と挑発と見なす行為への積極的な共犯者であると、常々日本政府を見ている。

日米同盟の意義

前述した文献が示すように、米国は中国人の気持ちから遠く離れた存在ではない。中国政府のナラティブによると、冷戦初期の米国政府の策略が、日本からフィリピンに至る離島バリケード（offshore island barricade）を築くのに役立った。第７艦隊は、台湾が中国本土から永久に分離された終戦直後の時代の記憶を中国に大きく残している。そして第１列島線が中国にとって脅威に見えるのは、地理的な位置と米国の戦力投射が結び付いているためである。

このように日米同盟は、日本のシーパワーと中国海洋権益への日本の挑戦に関する中国の評価とは事実上不可分である。実際のところ日米の安全保障協力は、日米両国がそれぞれの目標と野心を実現するための主要な手段であり、その多くは中国の利益に反するものだと、アナリストは見ている。

中国人は、日本の近代史を同じ志を持つ海洋大国との緊密な連携が安全と戦略的な成功をもたらしたと理解している。20世紀初頭の日英同盟は、日露戦争での勝利を含む日本の極東の支配への道を平らにした。戦後の日米同盟は、日本が繁栄するための好ましい安全保障環境と経済環境を提供した。このように海洋の連合は、日本が最高の目標を達成するために不可欠な要素であることを証明している。逆に、１９３０年の大陸征服のような公式からの逸脱は、国難をもたらした。この苦い教訓は日本人の心に深く刻まれている。廉德瑰は次のように述べている。

もちろん、日本は大陸国家と同盟を結ぶことはできない。その代わりに海洋国家と同盟しなければならない。これが正しい戦略的選択であることは歴史がすでに証明している。20年にわたり英国の同盟国であり、50年にわたり米国の同盟国である日本は、もっとも安全で繁栄し、もっとも自由であったことを歴史が示している。[*29]

中国の観測筋では、日米同盟が日本の大戦略の中心であり続けると考える十分な理由がある。日本の海洋戦略を形成するうえでの同盟国の役割に注目している。たとえば高兰は、日米間の「シーパワー同盟」の理論的根拠や機能を詳細に説明している。両国とも海に依存しており、海を安全と繁栄のために利用しなければならないと。高兰は次のように説明する。

海はアメリカと日本経済の生命線である。（中略）彼らにとって、海洋安全保障は国家安全保障である。海は攻撃に対する緩衝材であり、遠方の危機に迅速かつ機敏に対応するための媒体である。基本的に日米同盟は、海洋を利用して相互に国益を守る海洋防衛同盟である。[*30]

そして高兰は、海洋パートナーシップとその広範な権能を定義するため、大戦略に関する自らの理解を当てはめる。彼は次のように述べている。

シーパワー同盟とは、国家間の正式な協定または条約のことである。海洋権益の獲得、海洋の脅威とのバランス、海洋の安全保障の維持、シーパワー・総合的な国力の強化、海洋秩序の構築を目指す沿岸・海洋国家で構成される。[*31]

高兰によれば、シーパワー同盟は、外部からの脅威を抑止し、打ち破るための防衛的なメカニズムではない。むしろ経済成長を促進し、世界海洋秩序の規範やルールを支える制度的基盤を提供する協定である。日米同盟は、海上通商から国際海洋法、環境等の分野で日米の利益を増進する「全方位協力」を可能にする。シーパワー同盟は、国益にかかわるすべての問題において海洋を最大限に活用するために統合された力を行使する、大規模な海洋同盟である。このような同盟は、その使命を非常に広範に定義し、地域および世界の安全保障に大きな影響力を持っている。

さらに高兰が懸念するのは、米国がアジアでの長期的な野望を実現するために同盟に依存していることである。

第1に、米国は同盟を強化し、中国を封じ込めることを目指している。

第2に、米国は「米国の伝統的な海洋覇権の地位（海上覇权地位）を維持する」ために、そして「東アジアのシーパワーに関する米国の絶対的な指導的位置（绝对主导地位）を確保する」ために、同盟の枠組みの中で日本を強化しようとしている。[*32]

第3に、米国は長年にわたる中東での戦時下のコミットメントの後、アジアに円滑に復帰するために同盟を強化することを望んでいる。

日本も同盟を戦略的に利用している。修斌によると「日本にとって米国との同盟関係は、日本の海洋戦略の中でもっとも成功し、もっとも永続的な要素であった」。[*33]米軍は、太平洋戦争終結以来、日本の防衛と安全保障の「後ろ盾（后盾）」として機能してきた。海上交通路への確実なアクセスと使用を含む米国海軍の有益な効果は、戦後、日本の生存と経済的繁栄を保障した。また冷戦終結後の同盟の強化は、日本が軍事的到達範囲を拡大し、その能力を強化するための基盤を提供した。グローバル化する同盟は、自衛隊をグローバル化している。この修斌は「米軍がこれからどこに行くにしても、自衛隊は行くだろう」と予測している。[*34]

丁云宝と辛方坤はさらに踏み込んで、日本が日米同盟を日本のグローバルな野望の出発点として利用する可能性を示唆している。

彼らは、日本の「シーパワー戦略」を「国家の海洋権益の軍による防衛を特徴づける、確立された経済的、外交的、政治的指針」[*35]と定義して、日本のシーパワー戦略は日米安保条約の持続力にかかっていると主張する。彼らは次のように主張している。

日本のシーパワー戦略の背景には日米同盟がある。日本は日米同盟の下で、強力で攻撃的な外洋航行能力の構築、志を同じくする海洋国家との連携、安全保障体制の確立、シーパワー戦略体制の構築に努めている。その際、日本は世界の海洋権益を守り、世界的な影響力を拡大し、海洋大国の夢を実現しようとしている。[*36]

束必銓（Shu Biquan）は、日米同盟を活用する日本の計画を次のように表現する。

この船を借りて海に行く（借船出海）戦略により、日本はその軍事力を海の隅々にまで行き渡らせることを可能にする。この戦略は、日本の安全をもっとも確実にするために設計されている。この戦略を通じて、日本は真のグローバルな海軍大国になることができる。[*37]

日米同盟は、日本政府が経済成長その他の国内問題に注意を向けることができるための単なる安全保障の傘ではない。パートナーシップは、日本が遠く離れてその影響力を拡大するための理論的根拠と手段を提供する。一部の人にとっては、日米同盟は日本のグローバルな野望を果たすための踏み台であり、便利な政治的隠れ家である。

地域・域外安全保障の海洋競争への影響

日本は、海洋権益の拡大を米国や日米安保条約だけに期待しているわけではない。日本はアジア全域で新たなパートナーシップを構築している。しかし、それは反中国連合のようにも見える。たとえば修斌は、日本が中国を封じ込めるために海洋国家連合を結成しようとしていると主張する。彼によると、日本政府は「冷戦時代の伝統的な思考を捨て、リムランドに沿って包囲網を形成するために、日本を中心とした島嶼国の連なりを作ろうと試みている」[*38]という。修斌は、日本はアジアの沿岸国と独自の外交、政治、経済、文化的つながりを持ち、米国主導の第1列島線を強化しようとしていると考えている。多くの中国人が米国を列島線封じ込め戦略の背後にいる悪役とみなしてきたように、彼らは今、日本をほぼ同じ観点から見ている。

日本が提供できない軍事力や安全保障上の関与に代わり、日本政府は価値観や規範等の無形の公共財を地域の絆を結ぶ「接着剤」として推進してきた。さらに重要なことは、中国の観点からすれば、日本が民主主義的価値、自由、人権を強調するのは、特に中国の独裁政権を指して孤立させるためである。廉徳瑰と金永明は、安倍晋三首相が2007年に主導した「自由と繁栄の弧」と題する地域イニシアティブに疑問を投げかけ、次のように主張している。

日本は、西太平洋と南太平洋のすべての海洋国家の中での地域的な政治的、経済的リーダーシップの地位を求めている。これが、日本が価値観に基づいた外交を推進し、自由と繁栄の弧を形成してきた地政学的根拠である。日本は中国本土の周縁に沿って海洋大国の弧を描きたいと考えている。この目標は、日本の海洋戦略の中核である。[*39]

彼らにとって、この価値観へのアピールは、日本が宣伝してきたようなすべての人に利益をもたらすような加算ゲームではない。むしろ、アジアで増大する中国の影響力と競り合い、対抗するためのより大きな戦略の一部である。2人の学者は、日本政府の皮肉な策略の競争的性質を強調して、次のように主張している。

この文脈において、日本は海洋アジアにおける共通の利益を構築するための基盤として、海洋国家間の価値観の共有を重視している。ランドパワーとしての中国の勃興を封じ込めるという目標が、日本の海洋戦略の背後にある。日本が日米同盟を深化させ、南アジア、東南アジア、オセアニア諸国を取り込む中で、海洋資源の保護や海洋権益の擁護を積極的に行っている根本的な理由は、中国を封じ込めることにある。[*40]

日本は価値観を中心に地域の力を結集しようとしているだけでなく、中国の野望をくじくために南シナ海でそのライバル国との関係を強化してきた。刘华（Liu Hua）にとって、日本の地域戦略は間接的かつ直接的な介入を前提としている。[*41] 通称「能力構築」と呼ばれる間接的アプローチは、現地要員の訓練、ベトナム、フィリピン、マレーシアへの巡視艇等の機材の移転および地域の参加者との共同演習を含んでいる。直接的な方法としては、定期的な海上自衛隊の寄港に加え、2013年の台風ハイヤンによる甚大な被害を受けたフィリピンへの日本の艦船や航空機の派遣といった人道支援・災害救援がある。刘华は、日本は定期的な海軍合同パトロールや演習等を通じて、南シナ海における米国との「地政学的役割分担（地缘分工）」を積極的に進めていくだろうと予測している。

中国から見れば、沿岸国への海上警備艇等の能力供与や外国海軍との定期的な訓練等といった日本の東南アジアでの活動は、海洋の秩序維持にとどまらない。能力構築の努力は、南シナ海における中国のさらなる前進を遅らせ、複雑にし、阻止するために、現地で中国と対峙している国家の抵抗力を強化することを目的としている。

日本政府は、中国政府を南に縛り付けることで、尖閣諸島の領有権問題に注意と力を集中できないようにしているのだ。廉德瑰と金永明は、次のように主張している。

日本の南シナ海に対する懸念は、東シナ海情勢と密接に関係している。日本の南シナ海への介入は、中国を両海域で苦闘させることによって東シナ海の緊張を緩和する効果的な方法であると考えている。（中略）南シナ海で中国に圧力をかけることによって、日本は東シナ海で感じる戦略的圧力から解放されることを求めている。*42

章明（Zhang Ming）もこれに同意する。

日本の立場からすれば、南シナ海問題の複雑化・国際化は、東シナ海問題と南シナ海問題の相互力学を生み出す。この連携は、中国の権利保護（维权）活動のエネルギーを東シナ海に向けて拡散させ、中国の善隣外交を疲弊させ、東シナ海における中国との交渉において、日本により大きな影響力を与えることになる。*43

これらの著者は、日本の見かけ上の陽動作戦の有効性について何の判断も示していない。しかし、彼らは明らかに日本の計略が2つの海上戦域にわたって、中国政府の注意を弱める比較的低コストの方法であると考えている。

さらに、日本とその南側にある近隣諸国との関係は、中国に対する対抗意識の計算と同様に、極めて有益であると認識している。上記に要約した評価は、中国の自己言及的な説明、つまり中国は「日本の地域戦略は、中国を封じ込めて弱体化させるための唯一の敵対的な計画である」と狭く捉えているとするのがもっとも適切である。

中国は、日本が海軍の多国間演習に参加していることを同じように疑っている。

たとえば中国の観測筋は、1992年に米印二国間の事業として始まったマラバール演習を注視している。その後、同演習は拡大し、2015年に日本が正式参加し、オーストラリア、シンガポールも一時的という形で参加した。ベンガル湾で行われた日米印海軍による2017年の演習は、3か国のすべての空母が参加したため、中国は特に注目した。[*44] 2018年にグアム沖のフィリピン海で行われたマラバールでは、高評価されている日本のディーゼル潜水艦「そうりゅう」型が参加したため注目された。あるアナリストは、海上自衛隊艦艇の役割は中国の通常潜水艦の運動を模擬して対潜水艦訓練を行うことだったと推測し、中国海軍が815A型情報収集艦を派遣して演習の情報取集を行ったことを誇らしげに報じている。[*45] いずれにしても、

潜水艦「そうりゅう」型（全長84メートル、基準排水量2,950トン）、スターリング機関とX舵を搭載し潜航能力と水中運動性能が飛躍的に向上した。

これらの文献は、地域演習は中国封じ込めを目的としていると結論づけている。

日中両国が同じ海上交通路に依存して繁栄していることも、対立の原因となっている。丁云宝と辛方坤によれば、日本は原材料、エネルギー資源、その他の商業製品の輸送に３つの主要な交通路を利用している。

第１の航路はマラッカ海峡を通り、台湾の東西を通って日本の東海岸に到着する。第２の航路はスンダ海峡またはロンボク海峡を通り、マカッサル海峡を通って北に向かい、ルソン島の東を通過して日本の港に到着する。もっとも長い第3のルートは、南大西洋から喜望峰を回り、インド洋を横断し、オーストラリアの南を通り、バス海峡を通って、オーストラリアの東海岸に沿って北に曲がり、パプアニューギニアの東海岸に沿って、フィリピン海を渡って、日本に到着する。

3つのシーレーンのうち、日本と中国はマラッカ海峡と南シナ海を通る主要航路を共有している。[*46] 丁云宝と辛方坤にとって、これらの重複する「海上生命線」は、「紛争のための自然で構造的な条件」を生み出した。[*47] 平時においては、両国は典型的な国際公共財である世界海洋公域（global maritime commons）への共有したアクセスから相互に利益を享受している。しかし、危機や戦争のときに、どちらかが相手の海を人質に取るかもしれないリスクは、日本の戦略的計算に恐怖を吹き込んでいる。

彼らは「対立が起これば、海上ではゼロサム的な関係が生まれ、一方が生命線の支配権を握れば、もう一方の生命の血を支配することになり、その国にとって致命的な脅威となる」[*48] という。彼らにとって日中海洋関係のこの構造的、地経学的な特徴は、本質的に実在するものである。確かに、中国が日本の航路を遮断するような戦争のシナリオは、日本政府にとって悲惨なことになるだろう。张继业（Zhang Jiye）は次のように説明している。

> 中国の海洋大国と海上交通路を遮断する能力ほど、日本に不安を与えるものはない。特に懸念されるのは、中国が南シナ海の船舶輸送を妨害し、ロンボク－マカッサル海峡を通過するシーレーンの安全を脅かす手段を持つ可能性である。この場合、日本の船舶はオー

ストラリアを南に5200海里迂回して西太平洋に到達せざるを得なくなる。[*49]

このような根深い恐怖が日本を外洋に引き出し、本土から遠く離れた場所で多様な脅威にさらされることを軽減している。たとえば修斌は、日本の資源不足、輸入エネルギーへの依存、中国等の競合国との海洋競争の激化が、日本政府に海上での過剰な領土および管轄権の主張を推し進めさせていると主張している。同時に、日本が経済的繁栄のために海上貿易に依存していることから、海上自衛隊は脆弱なシーレーンを守るために、本土をはるかに越えて力を発揮することを余儀なくされている。[*50]

日本の安全保障の定義とそれに伴う責任の拡大は、日本政府を日中の利害が集まり衝突する遠方海域に引き込んでいる。

日本と中国は、日本近海からかなり離れた海域で競争している。特に、インド洋は海洋競争の新しい場所として出現した。9・11米国同時多発テロを受けて海上自衛隊が派遣されたほか、2009年には護衛艦をアデン湾に派遣し、2020年初頭には護衛艦1隻と哨戒機2機にオマーン湾、アラビア海北部、アデン湾を対象とする情報収集活動を命じた。[*51]

こうした警察的な任務は海上自衛隊の行う作戦の地理的範囲を広げ、安全保障に関する広大な海洋の戦略的重要性を強調し、日本政府がこの海域に介入する意志を強めさせた。同時に、中国の存在感と影響力がインド亜大陸とその地域全体で増大していることは、同じ地理的空間に対する日本の増大するコミットメントと一致している。このような利害が重なる地域は、競争を促進することは間違いない。廉徳瑰と金永明によると、次のとおりである。

日本は、もし中国がインド洋で覇権を握ることになれば、日本の経済と安全に深刻な影響が及ぶと考えている。（中略）日本は、中国がインド洋の北方航路を漸進的に進んでいくことにも懸念を抱いている。（中略）中国がインド洋を支配すれば日本の生命線が絶たれる。（中略）中国を封じ込めるために、日本は中国脅威論を持ち出してインドを説得し、インドに中国を牽制させようとしている。[*52]

安全保障の追求は、過去10年間に中国と日本をすでにインド洋に引き入れている。地域の大小を問わず、相互の疑惑と利害の不一致を考慮すれば、両国は互いに相手を出し抜こうとするだろう。互いに有利な立場を求めて競い合いながら、互いの立場を守り、強化していく。その一環として、日本は自らの存在感を高め、中国を孤立させるためのパートナーシップを構築するだろう。インド洋での競争は、緊密な軍事的衝突がはるかに頻繁で、利害関係がはるかに高い東シナ海ほど激しいものにはならないだろうが、域外での競争が両国間の敵意を高めることは、ほぼ間違いない。

攻勢的な日本の国民性

中国のアナリストたちは、国家意志等の無形の要因が、国家を海に向かわせると主張している。彼らは、シーパワーの中核をなすものとして「海洋意識（海洋意识）」という概念をしばしば引用する。海洋意識とは、国家安全保障から法律、科学、歴史に至るまで、政治家や国民が海洋問題について抱く仮定、態度、知識を包含する幅広い用語である。[*53] このような意識を持っている国は、効果的な戦略を策定し、資源を活用して海上で大成する可能性がはるかに高い。ところが、このような意識を持たない国は海洋問題で失敗する傾向がある。重要なのは、その国の独特な歴史的経験が、海洋世界観に大きな影響を与えていることである。

このようなシーパワーの認知的側面とその歴史的資料を、日中競争の激化を説明するために適用した研究者もいる。たとえば、上海国際問題研究所の研究者である廉徳瑰は、１冊全部を日本の海洋意識とシーパワーの関連に割いている。彼によると、日本の「シーパワーの意識」とは、日本政府の海上戦略を活気づけてきた永続的なアイデアや嗜好を指す。具体的には日本政府は、中国の海洋進出を脅威と見なす傾向がある。なぜなら日本には、中国に対する根強い偏見があるからである。この偏見は、異なる歴史的経緯、文明の違い、理性を欠いた日本人の恐怖心から来ていると廉徳瑰は言う。[*54] 彼は次のように主張している。

日本のシーパワー支持者たちは、当初から中国に対して基本的に否定的な態度を取ってきた。彼らは中国を批判的に、あるいは軽蔑して見ている。少なくとも中国を敬遠しようとしている。彼らは、日本は中国を抑え中国との衝突を避けるべきだと主張している。[*55]

廉徳瑰は、このような反中感情は、日本が西洋に門戸を開いた時期である明治維新に端を発する知的伝統だと考えている。この点を例証するために、1885年に出版された日本の有名な論説を引用している。それは、多くの中国人にとって、日本人の思想の大きな流れを象徴するものであった。

『脱亜論』と題されたこの社説では、中国と朝鮮における儒教的統治体制は救いようのないほど遅れており、西洋文明の猛攻に対抗することはできないと論じている。[*56] この無署名記事は、中国と韓国が西側のやり方に頑強に抵抗すれば、西側による国土分裂に追い込まれるだろうと警告している。さらに西洋を最初に取り込んだ日本は、中国と韓国がやってくるのを待つことはできないと主張していて、日本が生き残るためには、「アジア諸国の地位を離れ、西欧の文明国に運命をゆだねなければならない」。

廉徳瑰によると、この19世紀末の中国に対する優越感と見下しは、日本の認識を染め続け、海洋分野における中国政府との関係に関する日本政府の判断を説明するところまで及んでいる。

中国の評論家は、さらに深くて古い論争の原因を指摘している。彼らは、中国と日本の文化的・文明的な違いが競争を激化させていると考えている。

日本は周囲の海に守られ、大陸の脅威にさらされることはなかった。中国にとって重要なことは、中国人の目には、日本が中国王朝の冊封《さくほう》体制に従うことを完全に拒否し、その様々な方法を選択的に取り入れながらも、中国の影響力に距離を置いていたことである。実際、日本は、しばしば朝貢制度に抵抗し、異議さえ唱えた。その結果、日本は中国文明に完全に同化されることはなく、朝鮮やベトナム等のアジア諸国とは一線を画した。[*57] 廉徳瑰によると、日本周辺の海は同国を軍事的・文化的侵略から守る一種の「防波堤」であった。この海上の障壁により「日本は歴史を通じて中国の同化政策の運命を避けることができた」と主張している。[*58] 疑念と敵意をもって中国を見るという日本人の性癖は、事実上、日本のDNAに刻まれているという見方もある。

日本の例外主義だけが海上の対立を説明する要因ではない。その歴史的経験から得られた長年の思想に基づく海洋における日本の攻勢的な精神は、日中海洋関係の将来の方向を決定するもっとも決定的な理念的変数だろう。丁云宝と辛方坤は以下のように述べている。

日本のシーパワー戦略の攻撃的で拡張的な性格と、中国の安全保障に対する脅威は歴史的な前例を持つ。日本のシーパワー戦略は、歴史的に様々な段階を経てきたが、攻撃性の高い戦略に変化はない。この方向性は国民性によって決まる。歴史的にも地政学的にも日本との交流が多い中国にとって、この攻撃的な志向は非常に危険である。[*59]

马千里（Ma Qianlii）によると、日本の不安定な地理的位置は、その攻撃的性格を部分的に説明している。その説明によると、日本列島はユーラシア大陸の外縁に位置し、中国、米国、ロシアの間に挟まれている。さらに島嶼国家は、戦略的な縦深と資源が不足している。马千里は、日本の「地政学的欠陥」は、日本人の「危機感と不安感をほぼ極限まで高めた」と主張する。[*60]

この強い不安感のために、日本は敵対的な世界での危険をかわすために攻撃的な手段を取るようになった。言い換えれば、日本人は気質によって、攻撃は最大の防御という格言を受け入れている。

明治維新の落とす影

地理学以上のものが機能している。中国の専門家たちは、日本の攻撃的な精神が19世紀に西洋と接触した後に現れたシーパワーの思想に由来すると主張する。

その根拠として多くの専門家たちが、忍び寄る危険な西洋の影響力を察知し、積極的な対応を求めた徳川・明治期の戦略家の業績を引き合いに出している。彼らは、林子平《はやししへい》（1738～1793）、横井小楠《よこいしょうなん》（1809～1869）、佐久間象山《さくましょうざん》（1811～1864）が、海洋に関する国民意識の形成に貢献したと評価している。

軍事戦略家であり、『海国兵談』の著者でもある林は、いち早く日本の海の弱さを警告し、西洋を寄せ付けないためのシーパワーの開発を訴えた。徳川末期の改革者だった横井は『国是三論』を著し、日本の海軍力の強化を求めた。学者であり教育者でもある佐久間は、アヘン戦争における中国の敗北に危機感を抱き、『海防八策』を著した。高兰は、これらの文献は日本の海洋防衛の理論的基礎となる「先駆的な作品」であると評価している。[*61]

中国の評論家たちは、19世紀末から20世紀初めにかけて、アルフレッド・セイヤー・マハンが日本のシーパワー支持者に知的な影響を与えたことに特に注目している。高兰は「マハンの理論と提案は、日本の海洋意識や海軍開発、さらには国家戦略にも大きな影響を及ぼしてきた」[*62]と主張する。中国の観測筋は、金子堅太郎《かねこけんたろう》（1853～1942）が1896年にマハンのもっとも有名な著書である『海上権力史論』を日本の読者に紹介した役割を頻繁に言及する。また、日本におけるマハンの弟子たちである秋山真之《あきやまさねゆき》（1868～1918）と、佐藤鉄太郎《さとうてつたろう》（1866～1942）が著した権威ある作品を要約し、彼らが強調しているシーパワー、海洋の支配、軍備、攻撃戦略についても述べている。[*63]金子、秋山、佐藤は日本の海洋戦略の先駆者であり、その知的遺産は日本政府の21世紀の海洋思想にはっきりと残っている。言い換えれば、今日の日本の攻勢志向は、1世紀以上前にマハン思想を受け入れた時代にまでさかのぼることができる。

刘怡（Liu Yi）は、2部構成の素晴らしい論文の中で、佐藤の日本のシーパワー発展への知的な貢献と、現代の日本への継続的な関連性を評価している。刘怡は、佐藤の著書『帝国国防史論』に特に注意を払い、900ページ以上に及ぶ大著を書いている。刘怡は、佐藤の著書を「間違いなく東洋人による海洋力と海軍戦略に関する最初の偉大な著作物であった」、そして「太平洋戦争終結までの40年間の海軍戦略の基礎を築いた」[*64]という。その中で特に佐藤が本土防衛等の防衛目的のために、攻勢的戦略を強調している点に注目している。佐藤は、海上で優勢な敵に直面した場合、防御側は自国の水域を離れ、敵国の水域で敵を積極的に攻撃しなければならないと主張した。防御側は、相手が防御側を確実に脅かす潜在的能力を失うまで一連の攻勢的な打撃を与えなければならない。刘怡によれば、「このような攻勢志向の考え方の基本的な意図は、国の第一防衛線を敵の正面玄関に向けることである」[*65]。

刘怡は、佐藤の著書を現在の日本の海洋思想とまっすぐに結びつける。刘怡は戦後、特に１９８０年代以降、海上自衛隊の防御線が次第に拡大していることを説明したうえで、この海洋力の拡大は佐藤の攻勢的論理の遺産であると主張する。刘怡は次のようにまとめる。

日本の海洋戦略には積極防衛の特徴がある。作戦構想は、外洋で敵を打ち負かすことと、本土を遠く離れて敵を撃退することに焦点を当てている。これは『帝国国防史論』の攻勢志向思想と一致する。目標は、日本の安全保障を守るために、日本の戦略的縦深を拡大することである。海上自衛隊は、外洋での海洋支配・航空支配を強化し、できるだけ遠く離れた場所での敵軍の壊滅を目指す。装備面では、イージス艦や近代潜水艦の発達も（この佐藤とのつながりの）証拠である[*66]。

劉怡が日本の海軍戦略を「積極防衛」と表現していることは注目に値する。「積極防衛」は、その起源を毛沢東に求める人民解放軍の戦闘ドクトリンの概念であり、戦略的防衛目的のために攻勢作戦と戦術を用いることを求めている。しかし、それは中国共産党によって定義されている。[*67] 海軍の場合、中国海軍の近海防御戦略は、海に向かって積極防御の論理を適用している。彼が中国の戦争アプローチを、どの程度日本の戦略に投影しているのかは不明である。

いずれにしても、過去と現在を結びつける劉怡の試みは、あまりにも単純すぎるように思えるかもしれない。しかし彼の分析と、歴史的洞察を得るために難解で不可解な本のほこりを払おうとする意志は、中国の戦略的コミュニティが日本のシーパワーを理解することに価値があると考えていることを反映している。

劉怡以上に、海洋分野における現代の日本の戦略を、日本の過去の帝国主義に根ざした生来の野心に帰するものと考える者もいる。中国海軍大佐であり、海軍指揮学院教授でもある冯梁にとって、日本の海洋問題における明らかな抑制は、主に冷戦の産物であり、異常かつ一時的な現象であった。二極対立は、極東におけるソ連の脅威に日本の関心を引きつけた。20世紀前半の超大国間競争の終結と日本の侵略の記憶の薄れは、深く染みこんだ日本の拡張主義的な野心の復活を可能にした。日本政府はさらに海外に目を向け始めた。

冯梁は「日本の海洋戦略の拡張主義的性格は〝近代史から切り離されている〟と見なすことはできない。むしろ、日本のナショナリズムや右翼復興の流れの中で、現代の拡張主義的な遺伝子が継続・復活したかどうかに注視しなければならない」[*68]と述べる。冯大佐は続けて、国際機関やその他の大国の台頭を含む21世紀の現実が、日本が過去を再現することを妨げるだろうと説明した。しかし彼は、日本の遺伝子構造になぞらえて、冷戦という特殊な状況が日本の内在する攻撃性を一時的に抑制しただけであると考えている。

马千里はこれに同意する。「今日の日本の海洋安全保障戦略の策定に影響を与えているのは、遺伝的で明治時代から不変なグローバルな拡張主義精神である。その戦略は、日米のシーパワー同盟を頼りに、往年の拡張路線を歩もうとしたが無駄だった」[*69]。上海海洋大学の李强华（Li Qianghua）も、日本のシーパワーについて同様の決定論的議論を展開している。李强华にとって日本の血なまぐさい国民性は、19世紀の日本と中国の異なる道と運命を説明するものである。李强华は単刀直入に言う。

> 日本は島国であり、好戦的な国でもある。日本の歴史は、政権交代、派閥抗争、宗教紛争等、血なまぐさい戦争で満ちている。日本が自ら育てた「武士道精神」は、強大な拡張主義者の野望を植え付け、中国に対する貪欲な目を向けさせ、海洋進出と海洋支配の努力

を惜しまなかった。[*70]

李强华にとって、この日本の生まれついての性格は、日本が西洋式の方法を採用し、海洋意識を発達させ、攻撃的なシーパワー戦略を作り上げ、そして19世紀後半に海上での戦闘に成功したことを説明するには十分である。また、明治期に発展した「日本の伝統的なシーパワーの考え方の欠点」は、彼の言うところの「敵対的な力学」を日中の海洋関係に導入したように、現代の日本の戦略に深い痕跡を残したことである。[*71] 李强华はさらに、日本の米国との同盟関係、日本の海洋政策を推進するための価値観に基づく外交政策の推進、中国の海洋進出に対する敵意は、日本の歴史と国民性に不可避的に根ざしていると主張する。

これらの文献は、中国の観測筋の間にある、日中対立の主要な源は、本質的に文明的なものであるという厄介な確信を示している。文明的アイデンティティが国家の利益を定義するという考え方は、サミュエル・ハンティントンの古典的な著書『文明の衝突』に通じるものがある。[*72]

中国と日本を分断している文明の断層線は、あまりにも広すぎて和解できないと考える中国人アナリストもいる。彼らは、日本人は国民として、反中国的な見解を持ち、攻撃を続け、中国の利益に有害な戦略設計を展開するように、何らかの形で文化的にあらかじめプログラムされているという考えを明らかにしている。こうした事前に決定された傾向は、今度は日本政府の対中海洋戦略にも影響を与え、未然に防ぐのは難しいであろう運動競争力学の中にセットされている。

日中海軍――避けられない競争関係

前述の著作物を見ると、中国人は日中海軍の競争を活発化させる強力な構造的な力学を見ていることがわかる。

中国と日本の力の差が広がっているため、日本政府は中国の海洋進出に対抗すること――そして過剰に反応すること――に不安を感じている。日本の地理的位置は、中国の海洋進出に対する物理的かつ比喩的な障壁である。日本列島は、中国にとって恐ろしいほど閉所恐怖症的であるとともに、悪い記憶を呼び起こさせるものである。さらに、列島線の北部を拠点とする自衛隊および米軍は、中国の海洋進出を直接脅かす。同時に、日米同盟は中国の計画を阻止する手段と意図の両方を有する強力な戦略的連合を形成している。日本の地域的・域外的な企みは、遠海および近海において中国政府に挑戦を突きつけている。最後に、日本の国柄は古代から近代までの歴史に根ざしており、日本政府は中国の海洋権益を侵害する敵対的で拡張主義的な海洋政策を採用しがちである。

これらの中国側の評価を総合すると、日中関係の将来は恐ろしくはないにしても、極めて厳しいと言える。彼らは、中国の海洋進出に日本がどのように対応するかについては、極めて否定的な見方を示している。

文献は、強硬な抵抗と中国封じ込めに向けた日本の積極的な海洋戦略を明確に予想している。中国の観測筋の多くは、日本の意図は最悪であると考えている。日本の悪意ある企みを描写したあるものは、風刺画にもなっている。その他は完全に人種差別的である。日本の戦略的方向性に関する文明的議論は、競争と紛争は避けられないという中国側のナラティブを補強するものので、特に懸念される。さらに、こうした文明論議は、日本政府を、中国を敵に回すことを決意した一面的な対立国にしてしまう。このような運命論と決定論は、中国が日本の海軍力と戦略を評価するための分析的なプリズムを形成している。

第４章 日中の海軍力バランスと中国の評価

　長い間、中国では、日本は海軍力で他のアジアの海洋国を、余裕をもってリードしていると語られてきた。何十年もの間、海上自衛隊は、ほとんどの分野で他の地域海軍より質的に優れた大型の近代的艦隊を誇ってきた。その技術的・作戦的・戦術的な高い技量は、多くの中国人観測筋には羨望の的であった。

　しかし近年、中国が海洋に戻り、中国海軍が大きな成果を上げるようになったことで、日本の海軍力に対する評価に大きな変化をもたらした。まだ評論家は日本の多くの強みを認めてはいるが、もはや島国の海軍を恐れていない。彼らは中国海軍が主要な能力で海上自衛隊に急速に追いついていることを認め、また海上自衛隊を悩ませている構造的な弱点を見つけている。

重要なことは、中国海軍と関連部隊は戦闘において海上自衛隊をしのぐであろうという自信を示し始めた者がいることである。この態度の変化は、中国の専門家たちがいまだに海上自衛隊を渋々ながら認めていたほぼ10年前とは大違いである。

調査した著作物を見ると、中国の専門家が日本の海軍戦略や戦闘ドクトリン、能力をどの程度深く研究してきたかがよくわかる。これらの文献を見ると海上自衛隊の歴史的な発展、その特徴的な利点、そして永続する弱点をしっかりと把握していることを明らかにしている。また、中国本土の観測筋は、中国海軍に対する海上自衛隊の相対的な競争力を率直に評価する一方で、中国が海において急速に日本に接近しつつあることについて高まる自信をあらわにしている。彼らは、攻撃的火力の大幅な進歩が中国海軍に決定的な利点をもたらしたが、日本はミサイル時代の海上戦闘の危険性を克服するのに苦労するだろうと考えている。

彼らの判断は、中国がこの地域における日本の相対的地位をどのように認識しているか、日中の海軍競争の形態とペース、そしてアジアの海上における海軍競争の将来について重要な手がかりを提供する。

日本の海洋戦略

中国のアナリストは、シーパワーについて幅広い見方をしている。彼らは、海軍力はシーパワーの多くの構成要素の中の１つにすぎないことを認識している。したがって彼らの文献は、日本の海軍戦略と能力を日本政府のもっとも高い目標と長期的な目的に照らして評価している。たとえば、高兰は海洋戦略を大戦略的な観点から捉え、それを日本に当てはめている。彼は「海洋戦略は、国家の全体的な戦略の重要な構成要素である」と主張している。海洋戦略は領土の一体性と主権、海洋安全保障、海軍問題、経済、国際法のような幅広い問題に関する国家政策の用をなしている。一方で海洋戦略は、その国の地理、海洋への経済的需要、安全保障の所要、そして政策立案者が海洋に注意を払う度合いによって推進されるか、あるいは制約される。高兰にとって現代の日本の海洋戦略は、こうした海洋問題の広い定義に合致しており、「（日本の）海洋戦略は包括的な判断と計画を反映している。それは日本の軍事、外交、経済問題と密接に関係している」[*1]と述べている。

高兰が詳述するには「総合的な国家戦略の一環として」、「日本の海洋戦略は構想から制度、組織から法律に至るまで広範な発展過程を経て、たゆまぬ強さと向上を実現してきた」[*2]。特に、高兰は次の3つの分野に注目している。

第1は、日本が真の海洋国家の擁する海洋文化と国家アイデンティティを形成しようと努力してきたことである。言い換えれば、日本政府は国家の海洋意識を大変慎重に育ててきた。

第2は、日本が海洋の利用、海洋権益の保護、海洋資源の開発、海洋権益の主張のために法的枠組みを与える法律を制定したことである。

第3は、政策を実施し海洋を管理するために、日本が国家機関を設立し、権限を与えたことである。こうした措置は省庁間調整と意思決定の改善に役立っている。[*3]

修斌は縦軸と横軸を使って海洋戦略を考えている。縦軸は目的と手段をつなぐトップダウン式の構造を意味する。最上位にある（そしてもっとも精神的な）分析レベルでの海洋思想から始まり、下に向かって、戦略はガイドラインから目的や戦術となる。横軸は法律、安全保障、経済、科学、軍事、文化、教育等、戦略を適用できる広範な機能分野を描いている。[*4]

この海洋戦略の広範な理解に基づいて、修斌は日本で真剣な活動が行われていると見ている。日本の優れた海洋問題に関する概念と、発達した法律、諸制度、そして計画は近年の急速な環境変化に遅れずに付いてきた。この理由により日本は、海洋大国になるためのすべての条件を備えていると彼は主張している。

廉徳瑰と金永明は、海洋政策を支える日本の法的・制度的枠組みに類似した印象を持っている。彼らは、エネルギー探査から海洋の秩序維持に至るまで海洋の包括的なガバナンスを促進する様々な法律を引用して[*5]、次のように観察している。

日本は海洋を非常に重視する国である。（中略）日本は海洋資源を保護するための一連の法令を制定しただけでなく、国の基本政策である「新海洋国家」の実現を目標として、海洋安全保障を強化し、（中略）海洋資源を開発するために一連の海洋安全保障および外交に関する政策や法律を公布するとともに、国内法制度を整備した。これらの措置は日本の海洋戦略の健全な実施を保障している。[*6]

彼らにとって明らかなことは、日本の海洋戦略は大戦略の発現であり、国力のすべての実施を協調して行うものであるということである。さらにシーパワーは、法律の支配のような無形のものであると同時に、船舶やインフラという目に見える物質的なものであることも認めている。彼らには、日本政府のこうした見えにくい海洋大国の投資が日本を手ごわい競争相手にしているように見える。李秀石（Li Xushi）は次のように見ている。

当面、日本は「新海洋国家」への国家戦略を推進していく。これは、海洋を管理する我が国の制度と力、そして日中両国間の戦略的互恵関係の発展に向けた努力に対する前例のないい挑戦である。日本は中国の海洋戦略実現の最大の障害となるであろう。中国は日本の海洋戦略を推進するための最大の犠牲者となるだろう。[*7]

この困難な課題を前提として李秀石は、日本の最近の海洋情勢の展開から中国は学ぶべきことが多いと考えている。彼によれば、中国政府が長期的に日本と効果的に競争するために4つのギャップを埋める必要がある。

第1に、中国はエネルギー、鉱物、漁業、交通、環境、自然災害警報、そして犯罪といった幅広い問題について政策調整を強化するため、制度の改革と統合、省庁間プロセスの改善を行う必要がある。

第2に、中国は海洋地理学、気象学、海洋学のデータを拡充かつデジタル化し、関係機関に広く提供する必要がある。[*8]

第3に、中国はより良い投資、訓練、教育を通じて、海洋問題に関する人的資本を育成、勧誘、維持する必要がある。

第4に、中国は、領土問題など安全保障問題で日本に対抗するため、海洋戦略の非軍事的要素と防衛的要素のバランスを取る必要がある。[*9]

修斌は、日本が依然として中国よりも優れている分野を６つ挙げている。[*10] 現代において日本は、一貫した海洋戦略を策定するうえで有利なスタートを切り、中国よりも長い期間をかけて経験を積み重ねてきた。中国に比べて、日本の人口の大きな部分が海洋問題に直面し、それが高い海洋意識、教育、そして概念を促進している。日本の海洋地理学は、長い海岸線、数多くの島々、外海に開いた無数の湾口、良好な港湾、またシーレーンに近く政府の管轄下にある広大な海域によって、中国に比べて海事に適している。

彼によれば、よく発達した法制度、法令、規制が日本の海洋戦略を支えている。同時に、現在進行中の海洋における紛争が、中国の急速な台頭と組み合わさって近隣諸国に疑念と感情を抱かせた。それを日本政府が利用している。また修斌が見るに、日本の海洋戦略が大規模な日米同盟にしっかり固定されており、それが日本政府に海上での事象に影響を与える際に、さらなる戦略的な重さとなっている。最後にハードパワーの面では、海上自衛隊と海上保安庁とともに、素晴らしく熟練した隊員、広範な情報技術を使用した世界一流の装備、そして遠征型の能力を誇っている。

以上に例示した文献は、日本のシーパワーに対する総合的かつ高度な理解を示唆している。海で成功する要因は、国力の物質的な手段以上のものであることを認識している。社会文化的・制度的要因も物理的な能力と同様に重要である。この点に関し、日本がその国力を利用して自国の海洋権益を追求し、擁護することにおいて模範的であったと、中国人はあっさりと認めている。

中国は日本の海軍力の認識を変えた

第二次世界大戦後、日本は海軍力で強さを増してきた。中国の観測筋は、日本政府が何十年にもわたって組織的に能力を強化し、海上自衛隊の活動範囲を拡大してきたと指摘する。この漸進的なアプローチは、冷戦中およびソ連崩壊後の数十年の間に、海上自衛隊が課題に立ち向かうための材料を漸進的に提供した。

たとえば修斌は、6段階で戦後の日本海軍力の拡大を見ている。[*11] 興味深いことに、彼は中国の軍事用語を使って日本政府の海軍戦略の進化を説明している。

1950年代の日本は「沿岸防衛」を採択して港湾、内海と領海、沿岸、そして領土保全に対する脅威に対処して、その他の防衛義務はすべて米国に委託した。その後の10年間は「近海防御」へと移行する期間であった。海上自衛隊は沿岸地域で侵略を防ぎ、遅らせ、米軍の増援部隊が到着するまでの時間を稼いだ。この時期、完全なる米国依存から共同での本土防衛への転換が見られた。海上自衛隊は対潜戦、艦隊護衛、海峡封鎖、沿岸防御、沿岸から５００海里で作戦可能な部隊を育成するために具体的な取り組みを行った。

１９７０年代には、日本の防衛範囲は本土をはるかに越え、極東の広い地域にまで拡大した。海上自衛隊は、日本本島の南東および南西１０００海里のシーレーンを防衛する任務を負った。その後の数十年は成長期だった。修斌は、１９８０年の日本の海軍戦略を「外洋での積極防御」と表現しているが、これは本土から可能な限り遠く離れたところで敵軍と交戦することであると説明している。活動海域はグアム以西およびフィリピン以北のすべての海域であった。この時期、海上自衛隊はこうした厳しい任務を遂行するために大排水量の多目的戦闘艦を獲得した。兵力構成では「８艦８機体制」の目標を達成した。これは、各護衛隊群が８機のヘリコプターを発艦可能な８隻の水上艦艇から構成される、４個護衛艦隊群の編成であった。

冷戦終結直後、日本は海外に部隊を派遣して新天地を開拓した。日本は砂漠の嵐作戦のあとでペルシャ湾に掃海艇を派遣し、世界各地に平和維持部隊を派遣し始めた。１９９０年代半ば、日米は同盟の見直しを行い、米軍への兵站支援と他の後方地域における支援について日本の役

ソマリア沖アデン湾で海賊対処行動中の護衛艦「いなづま」DD105（出典:統合幕僚監部）

割が強化された。21世紀に入って日本は専守防衛という長年の姿勢を捨て、広範なグローバル脅威に対処するために、修斌が言う「積極攻撃と海外介入」を採用した。このような遠方の課題に対処すべく、海上自衛隊は「外洋戦闘能力」を強化した一段と大型で高性能の艦船を就役させた。修斌は、日本のアデン湾における海賊対処活動への参加やジブチでの基地建設を、世界を志向する日本軍の警告信号と見ている。

最近まで中国の評論家は、海上自衛隊の作戦面・戦術面・技術面・技量面での優れた能力を認めていた。かつてあった海上自衛隊についてのコンセンサスを強調するため、10年ほど前に出版された中国の文献を次に引用してみる。

2009年、ある観測筋は「中国の近隣諸国の中で日本はもっとも強力な海軍を持っている。海上自衛隊の掃海能力は米国を抜いて世界第1位、対潜能力は世界第2位である。したがって、総合的に見れば海上自衛隊の能力は米国とロシアに次いで3位である[*12]」と言っていた。著者は、日本の増大しつつある「外洋航行作戦」遂行能力と、艦隊防空、対潜戦、水の中の戦いを中心とした軍事力を賞賛した。

何萍（He Ping）は、冷戦終結後のロシアの海軍力の崩壊と欧州のシーパワーの大幅な削減は、海上自衛隊への持続的な投資と対照的であると指摘した。その結果、海上自衛隊の相対的な競争力は、他の西側海軍の中で上昇を続けた[*13]。筆者の1人は、海上自衛隊の高い技術水準と戦力が「英国やフランスをしのがないまでも匹敵し、世界で数少ない真の海軍力の1つとして出現した総合的な能力」を生み出したと主張した[*14]。もう1人はさらに進んで「日本の軍事力はすでに英国と肩を並べているか、英国を抜いて世界の軍事大国になったと主張した。特に海上自衛隊の総合的な戦闘能力は、ロシア海軍の太平洋艦隊を凌駕している可能性もある[*15]」と主張した。

10年前、多くの中国人は、最先端の戦力を確保するための日本の統制のとれた調達と取得プロセスに感銘を受けた。

たとえば海上自衛隊は海戦における技術変化に対応しつつ、艦隊の再拡充と近代化を迅速に行った。新しい戦闘艦艇の安定した導入のおかげで、海上自衛隊は古い艦船を寿命に達する前に退役させることができた。2009年のある研究は、日本の水上艦艇の80%以上（主力艦艇32隻に対して26隻）が就役から20年未満であることに明らかな驚きをもって注目した。[*16] これに関してさらに印象的だったのは、日本の潜水艦隊だった。张跃（Zhang Yue）は2008年の論文で「他国の潜水艦と比較して、日本の潜水艦のもっとも顕著な特徴は新しさである。平均艦齢は12歳未満、最古参の〝はるしお〟型でも（2008年において）就役後17年でしかない」と考察している。[*17]

10年前の判断は、近年まで続いた見方であった。これらは、日本の海軍力に関する中国の新たな評価と比較する際に有用な基準となる。より最近の著作物は、大陸の観測筋の海上自衛隊への畏敬がだんだん薄れてきていることを強く示唆している。実際、多くのアナリストは、海上自衛隊がかつてほど脅威ではないことに気づいている。このような地位の低下は、日本のパフォーマンスと同様に、中国の海軍力の進歩にも関係している。

海軍力のギャップを埋める中国

中国の海軍力を称賛しながら日本のシーパワーを非難する文献は、10年前にはほとんどなかった。しかしそのような文献が近年急増している。

ミサイル護衛艦「みょうこう」DDG-175（全長161メートル、基準排水量7,250トン）、護衛艦「こんごう」型の3番艦でイージス装置を搭載、弾道ミサイル防衛機能を備える。

たとえば章明は、過去20年以上にわたる日中海軍のバランスの変化と地域のシーパワーの序列の変化を端的に描いている。１９９０年代を通じて、日本は海軍近代化プログラムによりアジアの主要な海洋国家としての地位を維持してきた。海上自衛隊は１９９０年にアジア海軍として初めてイージスレーダーシステムを搭載した戦闘艦を建造した。日本は１９９８年までに、最新鋭のイージス艦「こんごう」型４隻を就役させている。それに対して、当時の中国海軍が保有していたのは、西側の基準では近代的（modern）といえる０５２型ルフ級駆逐艦２隻のみだった。

多くの中国人にとって、中国海軍を凌駕する日本の海軍力は羨望の的であったと、章明は認めている。しかし冷戦直後の時代に日本の計画立案者は、１９８０年代に流行した近代化のペースと規模を維持するための理論的根拠と切迫感を失った。１９９０年代になると、ロシア海軍の老朽化が進み、中国海軍は日米海軍に大きく遅れをとっていた。このように安全保障環境が緩和された中で、日本はさらに緩やかな海軍力増強計画を採用した。

21世紀の最初の10年間に、状況は変化し始めた。この間、中国の急速な経済と技術・産業基盤の発展により、中国海軍はレーダー、長距離対空ミサイル、垂直発射システム、ガスタービン推進等の開発を大きく進めることができた。このブレークスルーは、次に０５４Ａ型ジャンカイⅡ級フリゲート艦、０５２Ｃ型ルーヤンⅡ級駆逐艦、０５２Ｄ型ルーヤンⅢ級駆逐艦、０５５型巡洋艦、空母「遼寧」を含む主要な水上戦闘艦艇を就役させた。章明は、次々と新しい軍艦が建造される様子を、大量の餃子を沸騰した鍋に押し込むという中国料理の典型的な比喩を用いて表現した。同時に多くの旧型戦闘艦艇は、近代的な後継艦に道を譲って退役した。航空分野ではＪ-10Ｂ／Ｃ、Ｊ-11Ｂ、Ｊ-15、Ｊ-16等の第3世代戦闘機を増産し、第4世代のＪ-20戦闘機が就役している。また、ＹＪ-12、ＹＪ-18、ＹＪ-83Ｋ等の長距離対艦巡航ミサイルは、敵の艦隊防衛を破る能力を着実に向上させている。

その結果、章明によれば「中国海軍の総合的な海上航空戦闘能力は、急速に海上自衛隊に追いついてきた。いくつかの分野では海上自衛隊を上回った。もはや過去の弱者ではなくなった」[18]。中国がシーパワーの差を縮める速さは、日本の心理にも日本の戦略の物質的側面にも大きな影響を与えた。中国海軍は、海上自衛隊の「優越感やプライド（优越感和自豪感）」を削いだだけでなく、ライバル海軍に対して「軍事的圧力と精神的ストレス（军事压力和精神压力）」を加えた。また中国の海洋進出は、日本に防衛態勢、特に南西諸島における防衛態勢の見直しを行わせている。廉徳瑰と金永明によると、

> 中国の海と空における能力の向上は、日本が島嶼《とうしょ》防衛に注意を払うことを余儀なくさせた。２０００年から２０１０年にかけて、中国の攻撃型潜水艦は5隻から31隻に増加し、新型駆逐艦も大幅に増加した。中国のイージス艦（052D型ルーヤンⅢ級駆逐艦）は、日本のイージス艦に匹敵する能力を既に有している。２００８年には第1列島線を突破して太平洋上に展開することでパワーバランスの変化が始まった[19]。

修斌は、さらに中国と日本の隔たりは急速に縮まっていると主張している。中国が海洋能力の投資を続ければ、日本に対する「戦略的な優越」を達成するのにかかる期間は10年から20年だろうと見積もっている[20]。これらの調査結果は、日本が中国海軍に対して圧倒的に優位である

という以前のコンセンサスとは明らかに異なっている。

不均衡な海上防衛力

いかに迅速に中国が日本に追いついているかということ以上に、中国の評価は海上自衛隊の構造的弱点に注目している。この論議から出現する重要なテーマは、日本が米国に「不健全に」依存し、結果としてその戦略と戦力構造が歪められていることである。

海上自衛隊に関する批評の中で、人民解放軍陸軍工程大学出身で長年日本の自衛隊を観察してきた华丹は、日本が米国と緊密に同盟することで「重い対価を払った」と考えている。同盟は資源に対する要求を行い、資源のトレードオフを余儀なくさせた。それが海上自衛隊の全体的な防衛態勢には有害となった。海上自衛隊による対潜戦、攻勢的機雷戦、そして対機雷戦への大規模な投資は、単に米国の能力のギャップを埋めるだけで、米国が攻撃に出るためにリソースを開放したにすぎない。同時に、パートナーの不足する部分を補うため海上自衛隊が努力することは、他の作戦所要を軽視することを意味した。

华丹は、狭く限定された能力の「偏った調達」が、「非常に歪んだ」兵力構成を生み出し、日本の本土に前方配備された米軍の支援がなければ、日本軍は本土防衛を困難にするだろうと評価している。彼は、「海上自衛隊は、対潜戦、対水上戦、艦隊防空の各分野において相対的なバランスの維持に努めてきたが、必要な編成・体制を備えた〝独立した海軍〟と位置づけるには不十分である」とも述べている。[*21] そして「今日、海上自衛隊はまだ米軍の作戦との共同を目標として扱っている。それは米国の海洋戦略の付属物に過ぎない」[*22] と結論を出している。別の調査で彼は次のように結論している。

米軍がいない状況では、海上自衛隊の独立した攻撃的な活動を行う能力に改善の余地が大きい。具体的には、世界最高水準の対潜能力や掃海能力を有していても、周辺国との戦いに十分な装備を有しているとはいえない。[*23]

2人の批評家は、日本が米国の優先事項や好みに考えなく従ったため、海上自衛隊が過度に対潜戦に専門化し、戦力構成の著しい不均衡につながったと主張する。周明と李巍（Li Wei）は、日本の対潜能力の高さに匹敵するのは世界で米国だけであるが、こうした専門的な技術を開発する要求が他の重要な戦争分野への注意と資源をそらしてきたと認めている。[*24] アジアにおける米国の軍事的優越は、日本の戦力設計におけるこうした非対称性を隠蔽してきたが、周明と李巍の目には、米国の覇権の最近の衰退が海上自衛隊の様々な弱点を明らかにし始めていると映

陸上自衛隊の部隊を搭載中の輸送艦「しもきた」LST-4002（全長178メートル、基準排水量8,900トン）。

っており、海上自衛隊は「びっこの巨人（跛脚巨人）」であると遠慮なく述べている。

他の不均衡は中国アナリストがはっきり指摘している。たとえば华丹は、日本が陸上に戦力を投入できないことを大きな弱点と見ている。3隻の「おおすみ」型輸送艦は輸送力が不足している。平時の状況で3隻を投入しても、約1個大隊の陸上自衛隊程度しか揚陸できない。华丹は、陸上自衛隊の水陸機動団の規模を見積もって、海上自衛隊が独自で収容できる能力を上回る可能性が高いと推測している。同時に、強襲部隊を船から陸に輸送するために必要な揚陸艇の数を欠いている。华丹によると、海上自衛隊の2

隻の中型揚陸艇〈輸送艇１号型〉と６隻のエアクッション艇では「大規模な水陸両用作戦のニーズを満たすことができない[*25]」。

彼は後方支援もまた海上自衛隊の弱点であるとする。後方支援は戦闘力の源泉であり、軍事作戦の規模や期間を左右し、艦隊が発揮できる火力の規模と行動可能時間に上限を設ける。华丹によれば、日本は後方地域支援を犠牲にして前線での戦闘能力を優先する長年の偏見があるが、これは大日本帝国海軍にまでさかのぼることができる。

それでも彼は、日本の港湾施設と造船所工員の質の高さについて、アジアには比肩できる国がないことを認めている。しかし、戦力の近代化と装備開発のペースは、配備された戦闘艦艇を支援する基地能力をはるかに上回っている[*26]。华丹は、海上自衛隊は後方支援の制約から、いくらかの外洋作戦を行う潜在的な能力を持ち、海上における「中規模戦争（中等規模战争）」を遂行する初期段階にあると考えている。彼は「中規模」を正確には定義していないものの、日本が中国のような大国海軍に対して継続的な海軍作戦を遂行する能力を持っているとは考えていない。

中国のミサイルに対する脆弱性

中国海軍は海上自衛隊を追い越そうとしている。ミサイルへの集中的な投資は、海上自衛隊に対する大きな優位を生み出した。中国の文献では、ミサイル戦闘で日本の艦隊防御を圧倒する中国の能力への信頼にあふれている。

たとえば周明と李巍は、日本の水上艦艇は艦隊防空能力が劣ると評価している。特に外洋作戦環境における海上自衛隊の長距離防空体制には懐疑的である。しかも日本の水上艦艇は、基地防空や海軍支援による防護の傘から外れると、有能な敵の火力に対して非常に脆弱になる可能性が高いとしている。

2人は中国の保有する対艦ミサイルを具体的に示していないが、ロシアの類似システムを指して、日本が海上で直面する可能性が高い脅威に言及している。ソ連時代のSS－N－12 Sandbox、SS－N－19 Shipwreck、SS－N－22 Sunburnの対艦ミサイルは、海上自衛隊の艦艇に重大な危険をもたらすほか、超音速、低高度飛翔、そして回避行動が特徴のSS－N－27 Sizzlerミサイルの突入に対して迎撃が非常に困難な仕事であることを日本側は理解するであろうという。

艦対空誘導弾SM-2を発射する護衛艦「あしがら」。SM-2は対艦攻撃も可能であるが、今後導入予定のSM-6は長射程対艦攻撃が可能と伝えられる。

さらに悪いことには、これらのミサイルは海上自衛隊が搭載する亜音速のハープーンやSSM-1対艦ミサイルをアウトレンジ〈相手の射程距離以遠から射撃が可能なこと〉している。「海上自衛隊の艦隊が超音速長距離対艦ミサイルを搭載する敵水上戦闘艦艇に遭遇した場合、ミサイル交戦が行われる期間は不利な立場に置かれることは間違いない」、「防空が依然として最大の弱点である。将来の（海上自衛隊に対する）最大の脅威は必然的に航空領域からもたらされる」と彼らは結論づけ、航空・ミサイルの脅威に対する海上自衛隊の脆弱性は「致命的な欠陥（致命缺陥）」であると述べている。[*27] 両者によれば、海上自衛隊は長射程超音速対艦ミサイルを大規模に撃ち合う現代の海戦には適していない。

华丹も同意見である。中国が保有するDF-21D対艦弾道ミサイルのような陸上発射型ミサイル、ロシアから導入した潜水艦発射ミサイル、H-6爆撃機に搭載した各種対艦ミサイルは「海上自衛隊と在日米軍にとって重大な脅威となる」。华丹は、海上自衛隊が直面しているアウトレンジ問題を強調し、次のように述べている。

このような対艦ミサイルは海上自衛隊のものより射程が長く、水平線の向こう側から飽和攻撃が可能であり、またDF-21Dは米空母を直接攻撃して撃沈する潜在的能力を有しているため、自衛隊は米軍や自身の東シナ海方面での活動が大きく阻害されることを懸念している。[*28]

さらに中国のミサイルは、同盟国の作戦の成功に必要不可欠である重大な戦闘任務遂行の責任を負っている主要水上戦闘艦に脅威を与える。日本が高い信頼を置くヘリコプター空母は、対潜戦で中心的な役割を担っているが、中国のミサイル部隊の標的になる可能性がある。これらの艦艇は大型であるために中国のセンサーから視認されやすいため、ミサイル攻撃によって、より脆弱になる。中国のミサイルは、日本が何十年もかけて磨き上げてきた特別の装備に深刻な打撃を与える可能性がある。廉德瑰と金永明は、次のように言う。

郵便はがき

料金受取人払郵便

牛込局承認

9410

差出有効期間
2021年10月
31日まで
切手はいりません

162-8790

東京都新宿区矢来町114番地
神楽坂高橋ビル5F

株式会社ビジネス社

愛読者係行

ご住所 〒 TEL: ( ) FAX: ( )			
フリガナ お名前		年齢	性別 男・女
ご職業	メールアドレスまたはFAX メールまたはFAXによる新刊案内をご希望の方は、ご記入下さい。		
お買い上げ日・書店名 年 月 日	市区 町村		書店

ご購読ありがとうございました。今後の出版企画の参考に
致したいと存じますので、ぜひご意見をお聞かせください。

書籍名

お買い求めの動機

1　書店で見て　　2　新聞広告（紙名　　　　　　　　　）
3　書評・新刊紹介（掲載紙名　　　　　　　　　　　　）
4　知人・同僚のすすめ　　5　上司・先生のすすめ　　6　その他

本書の装幀（カバー），デザインなどに関するご感想

1　洒落ていた　　2　めだっていた　　3　タイトルがよい
4　まあまあ　　5　よくない　　6　その他（　　　　　　　　　　　　）

本書の定価についてご意見をお聞かせください

1　高い　　2　安い　　3　手ごろ　　4　その他（　　　　　　　　　　）

本書についてご意見をお聞かせください

どんな出版をご希望ですか（著者、テーマなど）

日本の対潜戦能力は世界で２番目に優れていると評価されている。しかし、日本の対潜戦部隊は中国のミサイル攻撃から逃れることはできないだろう。この兵力に加えて、「ひゅうが」型・「いずも」型準空母のような高価値艦は中国のミサイルの標的になる。実際、中国の対艦弾道ミサイルの格好の標的となる。日中軍事競争では、時間は中国側にある。[*29]

別のアナリストは、東シナ海で作戦する日本の両用戦強襲部隊を人民解放軍がどのように打ち破るかを検討している。王凱（Wang Kai）は、中国はすでに海上で敵を脅かす強力な偵察と攻撃の複合体を誇っていると主張する。一連の宇宙システムにより、人民解放軍は広大な海洋上の移動目標を捜索、位置局限、識別、追尾することが可能である。これらの衛星は早期警戒機、電子戦機、そして長距離無人偵察機等の支援を受け、敵の水上部隊の正確な座標、針路、速力、気象状況や海洋環境に関する関連情報を、高忠実度で収集、処理、送信することができる。このようなデータは人民解放軍ロケット軍の戦術指揮官に送られ、陸上に配備されたDF-21DやDF-26等の対艦弾道ミサイルが発射される。王凱は、海上自衛隊が誇る海上配備型弾道ミサイル防衛システムが、飛来するミサイルに対抗できるよう最適化されているのかどうか疑問視している。

併わせて、空と海から発射される人民解放軍の対艦巡航ミサイルは、海上自衛隊の艦隊に深刻な脅威となる。ＹＪ-12、ＹＪ-１００を搭載する爆撃機やＹＪ-18を搭載する水上戦闘艦艇は、日本側部隊に大規模な一斉射撃を浴びせる可能性がある。ミサイルの数量、速度および機動性能は、敵艦隊の防御を飽和させ圧倒するであろう。

王凱はまた、日本のエアパワーが空域支配を獲得できるか疑問を呈している。空域を支配できなければ、水上艦隊は非常に脆弱になるであろう。ＫＪ-２０００、ＫＪ-５００、Ｙ-８ＥＷをはじめとする人民解放軍の早期警戒機および電子戦機は日本のＥ-７６７ＡＡＣＳおよびＥ-２Ｃより一世代先を行っていると主張する。実際の戦闘では、日本の航空機は「絶望的な状況を救う力（回天乏术）」がなく、４００km²の空域における航空優勢を獲得することはできないであろう。[*30]

日本列島周辺の基地に対する中国のミサイル攻撃は、制海権と航空優勢をめぐる争いと並行して行われる。廉徳瑰と金永明は次のように推測する。

　もし大規模な通常戦力による軍事衝突が発生した場合、中国は日米の海空軍基地を攻撃しようとするだろう。これらの基地のうち、嘉手納、岩国、佐世保、横須賀が中国のミサイル攻撃の主な標的になるだろう。そのような攻撃の結果、米国は西太平洋の軍事拠点を失うことになるだろう。[*31]

彼らは、日本にある前方基地が深刻な被害を受けた場合、米軍はグアムやハワイに後退せざるを得なくなり、前方部隊の持久力が損なわれると考えている。米軍および同盟軍に対する攻撃について、このようにあからさまな議論は中国の著作物で一般化し、また厄介な特徴となっている。

日本側の空母に対する野望

過去10年間、中国の評論家は、2009年と2011年に就役した「ひゅうが」型ヘリコプター護衛艦2隻に始まり、2015年と2017年に就役した「いずも」型ヘリコプター護衛艦2隻へと続く、日本の軽空母の配備に特に注目してきた。2007年8月に海上自衛隊に「ひゅうが」が就役してから、中国の観測筋はこの戦闘艦の目的について集中的な推測を開始した。早くも2008年2月には、海上自衛隊のヘリコプター護衛艦の歴史と進化、そして「ひゅうが」の能力について深く掘り下げた記事が掲載されている。1番艦を「日本の軍備制限を克服

F-35B戦闘機。護衛艦「いずも」が搭載する予定である（出典：ロッキード・マーチン社）。

するための先駆者（探路石）」であると説明し、「従来型固定翼機を搭載できる標準攻撃型空母」のプロトタイプであると結論づけている。[*32] 他の観測者は、空母に似た戦闘艦を漸進的に就役させることによって、戦後憲法の限界を系統的に検証してきたことに同意している。[*33] この行動パターンは「日本がレッドラインを突破しようとしていることを完全に反映している」[*34] という。

2009年に防衛省がはるかに大規模な「いずも」型護衛艦の予算を計上したというニュースが流れると、中国のメディアは日本政府の意図について推測を始めた。排水量約2万トン、長さ約250メートルの「いずも」は、「ひゅうが」よりも50メートル以上長く、容積は50％も大きい。「いずも」の外観と潜在能力は、多くの中国人にとってイタリアの「カブール」級空母に匹敵するものと思われた。ある記事では、空母艦載機を導入する計画はないという日本政府の当初の声明を否定し、「22DDH（いずも）は、海上自衛隊の通常型空母への重要な一歩である」と主張した[*35]。飛行甲板の形状や昇降機の位置等を慎重に検討した結果、将来的には、短距離垂直離着陸固定翼機も収容できるのではないかとの見方もあった[*36]。はるかに慎重な観察筋は、日本が「いずも」のF-35BライトニングⅡ戦闘機を入手するのは、時間の問題でしかないと自信を持って予想した[*37]。

最近の報道では、中国のアナリストは「いずも」を、固定翼機を発着できる空母に転換する可能性について議論している。たとえば方正（Fang Zheng）は、「いずも」にF-35Bを搭載する考えに疑問を呈している。方正は、飛行甲板と格納庫スペースの改修を含んだ空母のアップグレードに関連する一連の問題を列挙する。「いずも」の最大積載機数を米強襲揚陸艦の約半分であるF-35B 10～12機と見なして、「カラスが不死鳥になる」ことは可能かとからかっている[*38]。

一部の人々にとって、日本の空母に対する熱望は中国に対する脅威認識と密接に結びついている。人民解放軍の能力の向上は、中国政府の海洋権益の拡大と一緒になり、中国と日本を海における衝突針路に引き寄せている。银河（Ying He）は次のように主張する。

中国海軍全体の能力が強化され続ける中で、中国海軍は近海防御能力から遠海防衛態勢への移行を開始した。この（地理的範囲の）移行は、島嶼部から1000海里の海上交通路を保護するという海上自衛隊の戦略と重なる部分が大きい。このように、海上自衛隊の空母開発の主な目的は、能力を増しつつある中国海軍への対応であることは明らかである。[*39]

銀河によると、日本は中国を「将来の好敵手（未来的主要対手）」と決めている。したがって、海上自衛隊は「数隻の大型通常型空母、陸上配備型の重ステルス戦闘機、さらには空母の艦載型ステルス戦闘機を含むシーパワー」を保有するであろう有能な中国を敵として見込まなければならない。[*40] このような対抗関係の中で、海上自衛隊は、艦隊が陸上からのエア・カバーを越えて活動している場合、「護衛隊群の外周に防空機能を設定し」「戦域レベルでの空域支配を握る」手段を開発しなければならない。そのためには空母や艦載戦闘機が不可欠である。銀河によれば、「いずも」やF-35Bをめぐる日本の決定は、この勝つか負けるかという文脈の中で理解されなければならない。しかし、方正が指摘するのと同じ理由で、銀河は「いずも」の改造計画に懐疑的である。日本が空母の野望を達成するためには、英国の空母「クイーンエリザベス」に似たまったく新しい種類の空母を調達しなければならないかもしれないと結論づけている。

汎用護衛艦「あさひ」DD-119（全長151メートル、基準排水量6,800トン）、同型艦に「しらぬい」DD-120がある。

汎用護衛艦「あきづき」DD-151（全長151メートル、基準排水量5,050トン）、同型艦が3隻ある。

ミサイル護衛艦「あたご」DDG-177（全長165メートル、基準排水量7,750トン）、同型艦に「あしがら」DDG-178があり、弾道ミサイル防衛機能を備える。

汎用護衛艦「たかなみ」DD-110（全長151メートル、基準排水量4,650トン）、同型艦が4隻ある。

汎用護衛艦「むらさめ」DD-101（全長151メートル、基準排水量4,550トン）、同型艦が8隻ある。

小鷹（Xiao Ying）は、空母搭載の航空戦力は米軍と協力して活動する海上自衛隊に今までになかった柔軟性をもたらすと主張している。F-35Bを搭載した「いずも」型空母1隻、イージスシステム搭載の「こんごう」または「あたご」型護衛艦2隻、「むらさめ」、「たかなみ」、「あきづき」あるいは「あさひ」型汎用護衛艦4隻からなる日本の艦隊は、攻勢作戦を行うために空母打撃群に参加することができる。小鷹は、この任務部隊は合同打撃部隊から半径200～400km以内の空域において、潜水艦を掃討し空域を防衛することができると推測している。より小規模な海上自衛隊の編成であれば、米国の遠征打撃部隊の中で活動し、陸上への戦力投射を支援することができる。F-35B戦闘機が海岸沿いの敵軍に対して限定的な火力攻撃を加えている中で、回転翼航空機は橋頭堡に部隊や物資を運ぶことができる。[*41] 小鷹によれば、日本が提案している空母用固定翼機の購入には明らかに同盟関係の側面がある。

F-35B戦闘機に注目する者もいる。李小白（Li Xiaobai）はその1人で、空母艦載機が海上自衛隊の攻撃力、特に対水上戦や対空戦を大幅に強化すると考えている。さらに重要なことは、F-35Bがセンサー・プラットフォームとしての役割を果たすことで、航空機の「状況認識（态势感知）」が大幅に強化されることである。

李小白によれば、戦闘機は「艦隊の早期警戒・偵察機能を完全に担う」ことができ、後方の部隊に高精度の測的データ〈目標の運動経路についての情報〉を提供し、スタンドオフの距離から発射された艦載武器を標的に誘導する。[*42] F-35Bの垂直あるいはごく短い滑走路での離着陸能力は、通常の飛行場に加え、簡易飛行場、航空機を収容可能な水上戦闘艦から運用を可能とする。那覇空港のような主要基地は、戦闘時には中国の対滑走路破壊兵器によって大きな被害を受けて使用できなくなる可能性が高い。このような状況において、主力戦闘機F-15Jのような柔軟性の低い航空機がアクセスできない滑走路や飛行甲板に、F-35Bは分散あるいは後退する可能性がある。

別の純粋な理論的な論文では、中国のJ-15艦上戦闘機と「いずも」のF-35Bの空対空戦闘を模擬している。刘昱（Liu Yu）は、このような戦術的な1対1の戦闘では、F-35BがJ-15よりもステルス性、探知範囲、兵装、推進力等の面で優れていると認めている。しかし、同記事は、尖閣諸島をめぐる局地紛争での日中間の対決は、両国のあらゆるシーパワーの要素をほぼ確実に含むことになると書き留めている。このような争いでは、日本の戦術的・技術的優位性だけでは作戦上の成功は決まらない。敵対する場所の近さや量などの中国の優位性は、バランスを中国に有利に傾かせる可能性がある。J-20戦闘機、長距離無人航空機システムや、DF-21D対艦弾道ミサイル等の陸上アセットも競争に加わるだろう。刘昱は、この状況において、特に米国の介入がない場合には「日本自身の戦闘能力では、このような攻撃力に対抗することはできない」と主張している。[*43]

海戦：日本の対潜戦戦略

以上のような単純化された戦術比較に加えて、中国の評論家は海上自衛隊がどのように大規模な作戦を計画するかを評価している。

たとえば华丹は、日本が米国と協力して対潜戦をどのように実施するかについて、おそらくもっとも明確な見通しを示している。アジアにおける米軍に対する「補助軍種（辅助性军种）」として、海上自衛隊の「最優先事項」は対潜戦と機雷戦である。华丹は対潜戦を主要な指針と見て、同盟による対潜戦を4つの活動に分類している。

第1の「積極攻勢（积极攻势）」は、敵の潜水艦基地、造船所、魚雷製造施設に対する直接攻撃を含んでいる。米軍は対地攻撃を行い、海上自衛隊は中国潜水艦の出撃進入ポイントに近い軍港に機雷を敷設し、または近傍に海自潜水艦の待ち伏せ区域を設定する可能性が高い。対潜戦は中国の短所であり、日本は中国沿岸への近接作戦を、自信を持って行うであろうと予想している。

第2の「消極攻勢（消极攻势）」は、第1列島線に沿った主要な海峡や海峡の管制と封鎖を含む。华丹は、海上自衛隊は沖縄から南北に延びる「厳重な対潜水艦封鎖圏（严密的反潜封锁区）」を形成するために機雷を敷設し、水上艦艇や対潜哨戒機を派遣すると予想している。加えて、敵潜水艦の音響信号を探知するために海底に敷設されたハイドロホンが、海中の脅威を列島線に沿って追尾するであろうと見ている。

第3の「積極守勢（积极守势）」は、华丹が「包囲・殲滅戦《せんめつ》（围歼战）」と呼ぶ活動を含んでいる。日米同盟は、第二次世界大戦の大西洋の戦いに類似した、公海における対潜掃討作戦を行う。これには広域捜索と探知した潜水艦への直接攻撃が含まれる。华丹は、広大な太平洋に加え、探知が難しくなっている近代的な中国潜水艦の増勢を考慮すると、対潜戦術の効果は低いと考えている。[*44]

第4の「消極守勢（消极守势）」は同盟国海軍と商船の護衛を含んでいる。华丹は、固定翼機、回転翼機、水上戦闘艦を組み合わせ、同盟軍の艦艇が通過する海域や航路に沿って掃討し、敵潜水艦を港内に留め置くため欺瞞《ぎまん》作戦に従事すると想定している。[*45]

また华丹は、日本の対潜戦戦略の一環として、攻撃的な機雷戦について詳細に論じている。機雷戦は極めて秘密主義的な性格が強いため、日本政府は機雷の調達や貯蔵についてはほとんど公表していない。しかし、华丹は公刊情報を調査し、2種類の接触機雷、4種類の海底機雷、3種類の感応機雷、4種類の上昇機雷、1種類の浮遊機雷、合計14種類の機雷を特定し、日本の機雷開発・生産能力を「世界クラス」と評価している。機雷の着実な生産と貯蔵、試験と演習による機雷消費率の低さ、そして関連した機雷貯蔵能力から日本は大量の機雷を保有していると考えている。华丹は海上自衛隊の弾薬庫建設を長年にわたって綿密に観察し、この結論に至った経緯を次のように説明する。

华丹は、8種類の国産設計を含む日本の機雷開発は、日本の防衛計画立案者が攻勢的機雷戦を重視していることを示していると評価する。この莫大な投資は「1つの主要な目標である対潜戦」に志向している。[*46] 冷戦時代、日本は津軽海峡、宗谷海峡、クリル諸島と北海道の間にある根室海峡に、多数の上昇機雷（80型および91型ロケット推進機雷）を敷設する計画をしていた。

その目的は、戦時中にソ連太平洋艦隊の根拠地ウラジオストクからの輸送を、妨害しないまでも混乱させることであった。自動追尾型機雷はソ連の潜水艦部隊を狙っていた。日本は自らを、ソ連の原子力潜水艦が太平洋の公海に到達するために通過しなければならない重要なチョークポイントの門番に任じていた。[*47] このロケット推進機雷は、ソ連が誇る潜水艦隊の「宿敵（克星）」と見なされた脅威であった。このように海上自衛隊の機雷ファミリーは、日本の対潜戦および海上封鎖戦略の「絶対（的）主力（绝对主力）」として、超大国のライバル関係の中から生まれてきた。[*48]

华丹によれば、冷戦の遺産が日本の作戦に影響を与え続けている。海上自衛隊は、冷戦期と同様の方法で、日本列島の南部分を封鎖する戦術をとることができると予想している。有事において、海上自衛隊は南西諸島沿いの重要なチョークポイントに上昇機雷を敷設する可能性がある。

日本は、中国の太平洋への戦力投射を鈍らせる防衛線を維持することで、人民解放軍の作戦空間を狭める。これによって中国沿岸の近接目標や陸上目標に対する、米国の攻撃作戦のために道を拓《ひら》くことができる。この役割分担は冷戦時代の同盟の作戦計画をほぼ再現している。戦術上の利点は無数にある。機雷は決して眠らない。中国の潜水艦や水上戦闘艦には機雷の探知は難しい。機雷は有人の対潜戦よりもはるかに効率が良い。有人の対潜戦は実施が難しく、資源を集中する必要があり、一般的にあまり効果的ではない。しかし機雷は、対潜掃討のための人的資源の所要を減らし、補い、代替さえする。機雷は対戦戦の任務遂行に縛られていた資源を解放するだろう。

それにもかかわらず、华丹は対潜戦に焦点を当てた列島線封鎖戦略が、冷戦の文脈から21世紀の中国との闘争にどの程度移転できるか懐疑的である。1つには、日本列島に沿った対潜戦の活動は、常に広範囲の地理的戦線のカバーを要求しており、同時にすべての場所を守るために日本政府の物資的な手段を圧迫してきたことがある。

潜水艦「そうりゅう」型。11番艦「おうりゅう」SS-511から主蓄電池にリチウムイオン電池を搭載している。

华丹によると、海上自衛隊は敵潜水艦が日本の長い海岸線に機雷を敷設、あるいは沿岸の海上交通を妨害し遮断することを妨げなければならない。有事に海上自衛隊は、主要な海峡と水道を防衛するだけでなく、商船が集中する大都市周辺の港湾を監視する責任がある。潜在的に脆弱な地域は、北から南に向かって、宗谷海峡、石狩湾、津軽海峡、仙台湾、東京湾、伊勢湾、若狭湾、対馬海峡、鹿児島湾、大隅海峡、宮古海峡である。[*49] ほとんどの状況で海上自衛隊がこれらの地域を一度に防衛することはないだろうが、南西諸島の1000km以上の群島弧に沿った集中的な対潜戦は、海上自衛隊の潜水艦部隊を限界点まで無理をさせる可能性は想像に難くない。

海上自衛隊が長年秀でていた水中領域でさえ、中国人は互角に競争できると感じ始めている。张馨怡

(Zhang Xinyi) は、2016年に日本の「そうりゅう」型潜水艦と中国の元級潜水艦を比較した記事の中で、海上自衛隊は他に類を見ないディーゼル潜水艦を保有しているとする従来の見解に異議を唱えている。

张馨怡によれば、039B型元級潜水艦は、船殻設計、ソナー・アレイ、大型魚雷、大気非依存推進機関、騒音低減対策、推進力など、「そうりゅう」型と少なくとも同等である世界一流の特徴を持ち、センサー、兵器、推進力の点では日本よりも優れているという。张馨怡は読者に対して、日本の潜水艦戦力を取り巻く神話にだまされ、中国の潜水艦を軽視する誘惑に負けないよう警告している。张馨怡は「結局のところ、現在の中国の技術力は20年前とは大違いであり、10年前と比べるのも難しい」。「039B型は世界一流の通常攻撃型潜水艦であり、海中における暗殺者の鎚矛（assassin's mace）としての評判にふさわしい」とまとめている。[*50] これは、自信のないアナリストの口調や言葉とはほど遠い。

华丹もまた、冷戦時代から継承されてきた攻勢機雷戦とそれに関連する作戦構想が、海上自衛隊に大きな利益をもたらすとは信じていない。その主な課題は規模である。日中海軍間の競争の地理的範囲は、超大国間の競争と大きく異なる。作戦する可能性のある地域は、日本海から東シナ海と南シナ海、さらには西太平洋、さらにはインド洋までかなり拡大している。もはや日本は、通航を妨害するため比較的限られた数のチョークポイントに資源と注意を注ぎ込むことはできない。

海上自衛隊自らの試算によれば、55の島々からなる琉球諸島の海峡すべてに機雷を敷設するためには5000から1万個が必要となる。华丹は、中国軍港の封鎖だけでも500から1000個の機雷が必要であると主張している。[*51] 自然消耗を埋めるために地雷原を再構築する必要は、海上自衛隊の物資負担をさらに増大させる。機雷の単価が相対的に高いことを考えると、日本が列島線を封鎖するに見合うだけの機雷を備蓄しているか、あるいは十分な数の機雷を生産するための産業能力を有しているかは疑わしい。

同時に同盟国は中国の軍港だけでなく、揚子江《ようすこう》の内陸部に位置する河港も含め、日本に機雷敷設を求める可能性もある。この任務のために、海上自衛隊がどの程度の柔軟性、戦闘ドクトリン、そして十分な量の機雷を保有しているのかは不明である。さらに中国の沿岸部の浅瀬は、海上自衛隊にとってより抜きの兵器である、深海で最高の働きをする機雷にはあまり適していない。

最後に华丹は、ますます静粛化する中国の潜水艦は、機雷の有効性を一段と失わせていると考えている。[*52] 彼によれば、海上自衛隊の上昇機雷はかつてソ連の潜水艦の脅威であったが、近代的で極めて静粛な中国の潜水艦にはもはや効果はない。敵と海戦の特徴が変化していることは、日本が攻勢的機雷戦について長い間考えてきた前提を大きく損なっている可能性がある。

海戦：シナリオ

幾人かの中国のアナリストは、日中間の戦闘が海上でどのように展開するかを説明するためにシナリオ・プランニング・ツールを使用した。『現代艦船』への常連の寄稿家である２人が、トム・クランシーの冷戦期スリラーのスタイルで、日中間の海戦を想定したアクション満載のシナリオを作った。物語は場面から場面へときびきびと展開し、尖閣諸島をめぐる危機と戦争における日中双方の軍事的決断と行動をフィクションで描写する。個別のシーンは読者を様々な戦術状況に引き込む。たとえば０５６型ジャンダオ級コルベットの艦橋、０５２Ｄ型ルーヤンⅢ級駆逐艦の戦闘指揮所、日本のＦ－15戦闘機のコックピット等である。アナリストは、日中両国の主人公に他の登場人物と実際にありそうな会話ややりとりを行わせ、生命を与えている。これらの様々なエピソードから、読者は一連の出来事、すなわち衝突への道、激しい戦い、そして紛争の結果を理解する。[*53]

筋書きは予測可能で（日本人はこのシナリオを嘆くだろうが）、国家主義的なトーンは明らかに中国の読者にアピールするようにデザインされているが、この経過概要は中国の作戦上の成功への道に関する重要な詳細記述を含んでいる。

第1に、日本の侵略行為により危機が生起することがある。尖閣諸島沖で緊張が高まる中、海上保安庁の巡視船が中国海警局の2000トン級海警艦に発砲し、乗員数人が負傷。付近を航行していたジャンダオ級コルベット艦が応戦して発砲し、海保巡視船の飛行甲板が損傷。両船は一時的に撤退するが、中国と日本は尖閣諸島への上陸競争を開始する。

第2に、当時スールー海に展開していた「遼寧」空母戦闘部隊は、ただちに北に進路を取り宮古海峡に向かうよう命じられる。同戦闘部隊は、自衛隊を尖閣諸島への上陸作戦から遠ざけ、母港を出発しようとしている中国強襲揚陸部隊への圧力を軽減することを目的としている。

第3に、東シナ海上空では航空優勢をめぐる争いが繰り広げられる。日本の早期警戒機E-2CとF-15戦闘機は、中国が東シナ海の特定地域に宣言した飛行禁止区域内で戦闘飛行を開始し、中国の意志を否定。激しい電波妨害の中、E-2CとF-15戦闘機が相次いで撃墜されるが、これは中国のステルス戦闘機J-20によるものとみられる。

第4に、人民解放軍のロケット軍と空軍が巡航ミサイルを発射し、沖縄にある自衛隊基地のある那覇空港を攻撃する。第1次攻撃に続いて集中的に弾道ミサイルが発射され、日本のパトリオットミサイル防衛（PAC-3）を圧倒して那覇基地が使用不能になる。中国は約24時間で制空権を掌握する。

第5に、米国は安保条約の発動を拒否する。メディアへのリークは、米国政府がこの紛争に重大な利害がかかっているとは考えていないことを示唆する。米国政府は中国に対する経済制裁という形式的な脅しをかけるが、米大統領が中国に軍事費以外のコストを課す以上のことはしないことは明白である。

第6に、短期間だが、烈度の高い海戦が勃発する。宮古海峡のすぐ西で、日本と中国海空軍が武力衝突。中国はフリゲート艦を失い、水上任務部隊は現場から撤退することを余儀なくされる。一方、JH-7A戦闘爆撃機とSu-30MKK多機能戦闘機で構成する人民解放軍の海上攻撃隊は、尖閣諸島に向かう水陸両用部隊を護衛する日本の護衛隊群を阻止する。中国の対艦巡航ミサイルの集中攻撃は「こんごう」型ミサイル護衛艦等2隻を撃沈、別の護衛艦にも大打撃を与え、日本の上陸作戦を混乱させる。

第7に、米空軍の偵察機は遠距離から戦闘状況を監視し、中国の妨害を受けていない嘉手納基地に帰投する。この紛争の末期にいたっても、米国が戦闘に加わらないことは明白である。これは、人民解放軍が米国の非介入の代わりに、嘉手納基地に危害を加えないことを約束したことを示唆している。

最後に、日本は中国の上陸部隊の阻止に失敗。敵艦隊を密かに追跡していた「そうりゅう」型潜水艦は目標を失探し、人民解放軍の対潜哨戒機によって沈没する。対艦巡航ミサイルを搭載したP-1対潜哨戒機による中国海軍のコルベット艦の撃沈等、中国による水陸両用襲撃を阻止しようとする最後の試みも、事態の推移に大きな変化をもたらすことはできない。

開戦から4日も経たないうちに、尖閣諸島は人民解放軍の手に落ちる。

中国人作者よるストーリーの細部について、あら探しをすることはできる。たとえば日本人が簡単に負けることはあり得ないし、日本の防空態勢の崩壊も極めて楽観的な前提に基づいている。したがって、この結果には無理がある。

とはいえ、このシナリオには、双方にとって尖閣諸島をめぐる戦争の勝敗がいかに決まるのかに関するそれらしい洞察と、中国の作戦が成功するための前提条件に関する手がかりが含まれている。実際のところ、中国が好む戦略のいくつかの要素はこのナラティブから推測できる。

戦争の直接の原因は日本が最初に武力を行使することであり、これに対して中国は敵意をあらわにする。シナリオは日本の行動を説明していないが、中国海警局や中国海軍は日本の戦術指揮官に最初の発砲を行わせようと意識的に誘導、あるいは挑発した可能性がある。言い換えれば、日本は中国船を攻撃するように追い込まれた可能性がある。あるいは尖閣諸島をめぐる圧力の高まりや、計算違い、規律違反などが海上保安庁の武力行使につながった可能性がある。

いずれにしても、日本の動きは中国に行動を起こす根拠を与えている。このシナリオの冒頭の場面は、過去に中国海軍が関係した危機と紛争における中国の行動パターンに合致している。[*54]

このシナリオで、外交は中国の軍事作戦と協力して機能している。日本が戦闘に着手するうえで、日本の明らかな役割は、中国政府に米国を危機のエスカレーションから遠ざかるよう説得する力を与えることである。あるいは、たとえそれが誤って導かれたものだとしても、日本政府が最初に発砲した責任があるとの認識は、同盟国を支援するための積極的な措置を講じることをホワイトハウスに思いとどまらせる。米国政府が危機とは関係のない理由で介入しないのであれば、そのような決定は特に可能性が高い。

シナリオでは、中国は嘉手納基地を無傷のままにしたまま、那覇空港の自衛隊基地を攻撃することで、同盟国の間にくさびを打ち込んでいる。このような狭い範囲に限定された軍事攻撃は、日本の南西諸島および東シナ海の大部分の制空を事実上侵蝕しているにもかかわらず、日本を外交的に孤立させるものだ。シナリオでは言及されていないが、共産党国家である中国当局は、日米同盟内にさらなる不和を生み出すために、様々な政治戦のキャンペーンを展開するであろう。[*55]

作戦レベルでは、シナリオは紛争の物理的側面と目には見えない側面における激しい戦いを予想する。電磁領域における中国の戦術のために、日本の航空部隊は周辺状況の把握に苦労し、特に中国のステルス戦闘機に対して非常に脆弱である。沖縄の主要な航空拠点を喪失するとともに、日本は短時間に空域支配を中国に譲り渡す。同時に、近代海戦の特徴について書かれた中国の戦闘ドクトリンの文献と一致して、この海戦は双方にとって激しい戦いとなることをはっきり示している。長射程の精密火力によって、船舶や航空機は短時間の攻撃で壊滅的な打撃を与えることができる。局地的な制海権をめぐる一進一退の争いは、戦争の最終段階まで続く。

より作戦面に焦点を当てた仮定上のシナリオでは、『現代艦船』へのある寄稿者は、尖閣諸島付近での不特定の出来事が中国と日本の局地戦争につながると想像している。[*56]

この記事は、想定する将来の戦闘に、F-35B戦闘機用に改造された「いずも」を登場させる。海上自衛隊は、横須賀を拠点とする第1護衛隊群に旗艦「いずも」を中心とする任務部隊を編成させる。東シナ海における様々な経空脅威に対処するため、この艦隊は「こんごう」型と「あきづき」型護衛艦で構成されている。

また、この艦隊の防御力を強化するため、佐世保の第2護衛隊群から数隻の「あさひ」型護衛艦が合同を命じられる。このシナリオでは、艦隊は空母「遼寧」を中心に編成された9隻の空母機動部隊による手ごわい抵抗に直面する。中国の海上兵力との衝突、陸上配備ミサイルと航空兵力による脅威を見越して、海上自衛隊は沖縄防衛のために南西諸島の太平洋側に部隊を派遣する。

前述した第1のシナリオと同様に、那覇は開戦初日に人民解放軍のミサイル攻撃や空襲を受けて甚大な被害を受ける。第1回目の航空戦に参加し生還した日本の航空機は、九州の航空基地に転地する。「いずも」航空戦力の主な任務は、空域哨戒、敵侵入機の迎撃、早期警戒機の護衛、制空権の獲得である。つまり那覇を失った「いずも」任務部隊は、もっぱら防衛任務へと後退する。しかしシナリオ執筆者は、日本のF-35Bの導入が戦術的な対中軍事バランスを質的に有利にすると認めている。J-20ステルス戦闘機とJ-16多目的戦闘機では空域を支配できず、中国の早期警戒機、空中給油機、電子戦機はF-35Bに対して非常に脆弱である。

配備位置に到着後、「いずも」の戦闘機は数回にわたって中国の空襲を撃退する。しかし、48時間後に沖縄の防衛は終わりを迎える。沖縄の西方、宮古島周辺で人民解放軍が戦闘航空哨戒を確立して安定させると、「いずも」は撤退し、陸上からの防空支援を得られる本土にまで後退せざるを得なくなる。そうしなければ日本の任務部隊は、中国の海空軍の集中火力にさらされる危険があるからだ。米国が介入しない限り、「いずも」任務部隊が最大限可能な任務は、撤退する自衛隊部隊の防護と、人民解放軍の作戦にある程度のコストを強要することだけである。著者は「紛争の重大な局面において〝いずも〟は南西諸島の自衛隊を支える潜在力を持っている。しかし、この柱はとても倒れやすい。ひとたび倒れれば、防御は雪崩のように崩壊する」[*57]と述べている。

この第2のシナリオは、最初のシナリオのテーマを補強する。どちらの場合も、人民解放軍は日本の航空兵力を壊滅させるため、那覇に対する大規模な制圧行動を開始している。空爆とミサイル攻撃は1日で基地を麻痺《まひ》させ、中国は制空権を奪取する。制空権を欠けば日本の防衛力は崩壊する。シナリオは、日本の防空態勢にある那覇基地への不健全な依存と、顕著な脆弱性を前提としているように見える。

これと関連して、中国はステルス戦闘機に相当な戦術的重みを与えているようである。あるケースでは、中国のステルス戦闘機は、激しく争われる電磁環境で脅威の探知を得ようと奮闘している日本の航空部隊を撃退することができる。一方、日本のステルス戦闘機は中国のJ-20とJ-16戦闘機を寄せつけず、一時的に情勢を均衡する装置として機能する。後者は、中国が米国製第5世代航空機の優位性を暗に認めているということである。

興味深いことに、どちらのシナリオも、「遼寧」空母戦闘群が戦闘で積極的な役割を果たすことを想定していない。敵を誘引し、遮断し、抑止するために機能させている。しかし空母が存在するだけで、2つのストーリーにおける日本の選択肢や計算にはかなりの影響を与える。

海上自衛隊の第4護衛隊群

一例を挙げれば、「遼寧」は、「いずも」任務部隊が第1列島線のかなり東で活動するよう強いる。このような「遼寧」の間接的な利用が、中国が主要な主力アセットを失うことへの嫌悪感を反映しているかどうかは不明である。仮に嫌悪しているとしても、この空母の創造的な活用は、日本政府にコストを強要し、作戦オプションを奪うことになる。

米国が同盟国のために軍事介入する可能性は、作戦が中国に有利になるかどうかを決定する重要な要素であることは間違いない。いずれのシナリオにおいても、人民解放軍は攻撃を那覇に限定し、嘉手納、三沢、佐世保、横須賀等の在日米軍基地への攻撃を回避している。

第1のシナリオでは、中国による攻撃の制限は同盟を分断するための意識的な戦略である。この2つの筋書きの作者は、地理的に限定された自衛隊に対する攻撃が、米国の参戦をどの程度思いとどまらせるのに効果があると考えているのかは不明である。少なくとも彼らが作成した脚本は、米国の関与が中国の戦争努力を著しく複雑にするという明確な認識を示している。別の言い方をすれば、米国が介入した場合、この筋書きは大きく異なる可能性が高い。いわば、日本の立場に対する米国の共感の低下や外交的孤立は、中国の作戦目標を大きく前進させることになるだろう。

中国の復活と自信

以上の著作物は、中国が日本の海軍力を非常によく研究していることを示している。海上自衛隊よりも米海軍のほうが注目されていることは間違いないが、多くのアナリストが中国の海洋への野心に対する日本の激しい抵抗を予想していることを考えると、日本のシーパワーに対する中国の強い関心は驚くに値しない。

このレビューから明らかになったもっとも注目すべきテーマは、日本の海上能力に対する中国の懐疑的な見方である。日本の主要な海軍力に関する一般的なコンセンサスは、より慎重で微妙な見方に取って代わった。特に大陸の観測筋は、対潜戦や機雷戦等、これまで海上自衛隊が得意としてきた戦闘任務の遂行能力や有効性を疑問視し始めている。

関連するテーマは、海洋領域での中国の競争力に関する意識の顕著な上昇である。この章で引用してきた様々な論者は、艦隊対艦隊の交戦や東シナ海における大規模局地戦でも、日本との1対1の争いでは中国が日本を圧倒すると考えているようである。この文脈では、中国人アナリストは日本との紛争で制海権と制空権を奪取するために、自国のミサイル戦力とその能力に大きな信頼を置いている。2人のアナリストは、中国の近代的な水上戦闘部隊は日本でこれに相応する部隊と均衡していると主張している。また中国のディーゼル潜水艦が、日本の潜水艦に比べて明らかに劣勢であることにも異議を唱えている。

これらの声は、たとえ中国当局が認めていないとしても、第1章で示した日中の海軍力バランスの大きな変化を総合的に反映しており、また活気ある大国の自信を物語る。引用した自慢は、今日の中国海軍は10年前とは比べものにならないほど有能であると繰り返す。これは、西側の観測筋による長年中国海軍に抱いてきた多くの楽観的な仮説が、すでに成り立たないことを気づかせてくれる。

これらの文献が伝えることとは、もし中国の軍事力がこの上昇曲線で発展を続けた場合、次に起こる事態の前兆と日米が直面する課題である。また日米の政治家と指揮官の間で、自己満足が起こす危険に対する厳しい警告である。

第5章　日米同盟戦略への影響

　ここまでの2つの章では、中国が日本との海軍競争の起源をどのように認識しているか、また戦争の作戦レベルで相対的な力の急激な変化をどのように認識しているかを示した。日中間の競争において戦力構造は実質的に逆転できず、中国海軍力の増大は人民解放軍の司令官たちに、これまでは利用できなかった戦闘オプションを与えるようになっている。

　この章では、日中海軍の対立に直接関係するであろう重要なテーマについて、前述の著作物を総合し、中国の戦力に関する見方、地理観、国内の雰囲気、文化、日米同盟関係が、中国政府の計算や戦略策定にどのような影響を及ぼすかを示していく。また、このように中国の文献を総合的に理解したうえで日米同盟の意義と影響を明らかにする。米国政府と日本政府が中国との海軍競争でトップの座を維持するためには、考え方、戦略、能力をどのように変えなければならないかを浮き彫りにする。

中国の著作物を読み解く

中国の防衛関係の執筆者は、日本のシーパワーについて高度な政策から戦術的・技術的詳細に至るまで、驚くほど豊富な知識を持っている。これらの批評家は、膨大な量のデータを注ぎ込み、日本の海軍戦略および作戦能力の全体像を明らかにするために、欧米や日本の詳しいデータベースに注目してきた。彼らは、日本の機雷の在庫管理のような非常に機微なプログラムや、F-35戦闘機のような最先端のプラットフォームに精通しているように見える。少数の著者が示した専門的知識が、どの程度秘匿情報へのアクセスに反映しているかは不明である。しかし、中国の研究者は探究心が強く、機知に富んでいることは著作物から明らかである。いずれにしても、以下は日中海軍の対立に直接関係するであろう重要なテーマについて、中国の文献を集めている。

(1) 力の問題――日米は圧倒的優位を喪失

過去10年間、中国は経済規模、国防費、ある程度の質を含んだ海軍力の量など、国力の主要な尺度で日本を追い越してきた。このようなアジアの海洋における劇的なパワーシフトは、日本に対する中国の認識や相対的な競争力に明確な影響を与えてきた。日本が誇った海洋能力は、かつてのように中国の評論家に畏怖の念を抱かせなくなった。日本の海軍近代化は、最近まで大陸における著作物の特徴であった懸念をほとんど感じさせない。固定翼戦闘機をヘリコプター護衛艦に搭載するという日本政府の計画は、不安ではなく困惑として受け止められている。日本の一部の関係者と同様に、中国の観測筋はこのような複雑なプラットフォームを別の目的にバックフィットする慎重さに疑問を抱いている。海上自衛隊は中国の目には脅威要因を失ったようだ。

中国のアナリストは、日本の強点を評価するのと同じくらい、日本の弱点を評価する傾向がある。特に他の任務より、対潜戦と機雷対策を優先してきた日本の不均衡な海軍力に対する批判が強い。

彼らは、日本政府の防衛戦略と近代化計画は米国政府の作戦上の必要性に過度に従属してきたと考えている。彼らにしてみれば、そのような従属は、日本が米国に追従し依存することにつながってきた。米国の軍事的支援がなければ、日本は自国のあらゆる利益を守る独立した能力を欠いていると考える者もいる。実際、あるアナリストは、日本政府が軍事的な理由から、自らの力で決定的に有能な敵から祖国を守ることができるかどうか疑問視している。暗に、日本を対等な海軍の競争相手とは思っていない中国人もいる。

彼らの文献が日本の弱点に焦点が移ったことで、中国の強点も強調されるようになった。人民解放軍の大規模な対艦ミサイル・ファミリーは、切り札ではないにしても、日本の近代海軍を等価にするものであると考えている。海上自衛隊の海上部隊に中国のミサイルを大量に発射すれば、決定的な打撃になるとの共通の期待があるようだ。これらの文献は、様々な人民解放軍の戦闘部隊が相手側を圧倒し、多方面から攻撃が開始されると予測している。日本の艦隊の中核は、そのような猛攻撃に耐えられないだろう。

かつては日本が優位にあった戦闘任務の主導権についても中国の見解は変化した。たとえば、日本の対潜戦能力が、かつてほど強力ではなくなったのではないかと明確に考えている執筆者もいる。さらに海中と空中の領域で、中国は日本に追いつくだけでなく競合していると見る者もいる。

おそらくもっとも注目すべき点は、人民解放軍が海域と空域の支配を奪取するために攻勢的な作戦を展開する可能性を明確に論じていることだろう。

中国海軍は、敵が中国本土への海上接近を利用することに対抗するために、もはや沿岸海域で防衛的に身をかがめるようなことはしない。その代わりに、中国の執筆者たちは、人民解放軍の戦闘行動範囲を中国本土からはるかに広げ、南西諸島全域のすぐ西の海域とその東側の海域を含むはるか遠方まで拡大する長距離作戦を想定している。第4章で説明したシナリオでは、日本の空と海の利用を競うだけでなく、日本の前線の戦闘部隊や基地に対して一連の攻撃を仕掛けたあと、東シナ海の支配を想定している。中国国内では、琉球諸島に対する日本の立場はこれまで考えられていたよりもはるかに希薄だとの見方もある。

このような予測は、10年以上前の評価から著しく離れている。つまり中国は、海上における日本の競争力が大きく低下したと考えている。

中国は、海軍の競争における質的優位の限界を認識している。彼らは、日本が技術的卓越性に長年重点を置いてきたにもかかわらず、競争に苦戦し、ペースを維持することが困難になると予想している。これらの観察は、競争優位は永続的なものでも、あらかじめ定められたものでもないという洞察を補強するものである。

日米両国はもはや、それぞれの分野で圧倒的な優位を握れない。今後、中国海軍の近代化が進むにつれて、中国の評価はさらに変わる可能性がある。経済的な逆風や近代化プロセスの障害のために、そのスピードが鈍化したとしても、中国の海軍力は依然として日本の海洋における地位に手ごわい長期的な挑戦を突きつけている。

(2) 地理の問題――海洋競争はグローバルに拡大

第1列島線の北半分という日本の地理的位置は、中国の考え方に大きく影を落としている。日本列島は、中国の海洋進出に対する物理的な障壁である。それはまた米軍の戦力投射と日米同盟が依拠する不可欠な基地でもあり、米国政府と日本政府の統合された戦力と意志を象徴している。日本は、日本列島が形成する海峡や海峡への接近を支配する位置を占めている。そのため日本政府は、商船であれ軍艦であれ中国の海運を封じ込める潜在能力を持っている。戦闘ドクトリンと非公式の著作物ではともに、中国政府が日本の地球物理学的な位置について、まだ相当の不安を抱いていることを示している。

特に琉球諸島は、海洋競争の震源地として際立っている。沖縄の中心的な位置と日米の空軍力のハブとしての役割は、中国人を悩ませている。南西諸島が台湾に近いことや、南西諸島を防衛するために日本が進めている守備隊を置く計画も懸念材料である。中国は狭い海域やチョークポイントにおける日本の攻勢的機雷戦能力を真剣に受け止めている。

しかし中国では、地理的条件等の固定要因に対する認識も変化し始めている。

彼らは、南側に沿った日本の位置に潜在的な脆弱性があると見ている。これらの遠方にある島々は、日本の防衛部隊のロジスティックや物質的な基盤がある日本本土から数百㎞離れたところにある。万一戦争となれば、日本は横須賀、佐世保などの基地から部隊を現場に急行させなければならない。こうした増援は必ず長くて細い海上交通路を移動しなければならないため、人民解放軍による阻止に遭う可能性がある。

前述したように、これらの文献は、日本の戦時中の立場、特に沖縄における立場がかつて考えられていたよりも不安定である可能性を示唆している。これは、米国が日本のために介入することを拒否した場合に特に当てはまる。したがって抑止が失敗した場合には、この列島に沿った公域の支配をめぐる争いが起きると、中国のアナリストが予想していることは驚くべきことではない。実際のところ、琉球諸島周辺で日本の部隊が敗北すれば、中国が東シナ海における指揮権を握って、人民解放軍がより自由に通航できる作戦上の回廊を開く可能性が高い。

日中の海軍競争は東シナ海で激化しているだけでなく、遠く離れた海域まで広がっている。中国の海洋権益はインド洋の沿岸や、さらに西方の地中海や大西洋にまで広がっている。2009年以降、中国はアデン湾の海賊対処パトロールを継続している。ジブチに主要基地を設置することは、中国の域外における資産の拡大と本国から遠く離れた地域へのフットプリントの拡大を反映している。日本も同じくインド洋での警察的な活動に貢献しつつ、ジブチにプレゼンスを確保してきた。

中国政府と日本政府は、経済成長を維持するために同じ航路に依存している。両国の国際公共財への依存は、両国が海上の秩序を共通の利益と考えるよう促すはずである。しかし中国には、明らかにこの共通の脆弱性を競争の源泉と見ている者もいるようである。日本が中国の海洋の自由利用を脅かすことを妨げるためには、この論理に従って、中国は日本の海上交通路を遮断しないまでも人質に取る能力を持たなければならない。

日米両国政府は、中国の海洋進出を地理的に拡大して考える必要がある。有事において交戦地点が、日本列島周辺からアフリカの角周辺の海域まで広がる可能性もある。言い換えれば、同盟国は中国海軍と複数の戦域をまたいで同時に対決することを考えなければならない。そうなれば海の支配をめぐる争いは、近海を越えて水平的に拡大する可能性がある。複数の戦域をまたいだ中国海軍との同時対決を考えなければならない。将来起こり得る日中間の海軍対立は、グローバルな性格を帯びる可能性がある。

(3) 国民感情の問題——競争を期待する中国人

海洋分野における中国の自意識は、著作物にはっきりと表れている。文献は、大きな力を持つ者の強い自信と自慢を反映している。中国はこれまで自国の強点を発信することに消極的で、自分たちの弱さを強調し、また西洋に対して自分たちがいかに遅れているかを示す傾向があった。しかしそれとは対照的に最近の研究は、中国が海上で台頭する自らの強点を明らかにする傾向があることを論証している。

この変化は、鄧小平が「能力を隠し、時を待つ」とした命令から脱却しようとする習近平の広範な取り組みと軌を一にしている。[*1]

この時代精神は、海洋における中国の物質的能力の増大に伴ってきた。文献は、中国海軍が過去から劇的な変化を遂げたことをしばしば強調している。中国はもう何十年も前のような弱者ではないと、よく公言している。過去10年間に海軍力が飛躍的に向上したため、関係ないとは言えないまでも、最近でさえ今日の中国の立場を評価するには不十分であると主張するアナリストもいる。この明らかな不連続性は、中国がこれまで利用できなかった戦略的選択肢や作戦展望を現在は享受していることを意味している。

大きな自信あるいは自信過剰は、中国政府の指導者をこうした選択肢の行使や作戦上の機会の利用へと傾かせるかもしれない。そしてこうした自信は、海上における日本政府の特権に挑戦する気を起こさせるかもしれず、中国の指導者たちに対して望む以上に大きなリスクを考えさせたり、あるいは取らせたりするよう促すかもしれない。

国民のムードはもちろん両方に揺れる。何十年にもわたる経済的な成功が中国の自信を高めてきた一方で、バブル崩壊後の日本は、中国が回復基調にあった間も低迷してきた。

中国のアナリストは、日本社会の中に悲観論だけでなく不安定さを、そして一世代にわたって成功とは縁のなかった政治を発見している。彼らの目には、この不安感が中国に対する不合理な恐怖感へとつながり、日本政府にあらゆる中国の海上進出に疑念を抱かせて、それゆえ日本はその地位を守り、さらなる衰退を防ごうと必死になっているように映っている。

自らの主張を押しつける権利があると考える自信に満ちた中国と、さらなる地歩を失わないと決意している自信のない日本との間で予想される相互作用は悪い予兆である。対立ではないにしても競争に対する明らかな期待が、中国の文献の至る所にある。

(4) 文化の問題──危険な決定論的な世界観

歴史および文化に深く根ざした日本の国民性が、中国の利益に基本的に有害な方法で海洋に志向するようにあらかじめプログラムしていると、中国は確信しているようである。一部の中国人の目には、日本は矯正しようがないように映っている。冯梁大佐が極めて印象的に述べているところによれば、日本人は「拡張主義の遺伝子」を持っている。[*2]

日本人の考え方が最悪だと思い込む傾向には、いくつかの意味がある。もし日本が中国の海洋進出に執拗に反対していると信じるならば、その帰結として競争は避けられないというナラティブを強固にする可能性がある。この確信は、一方では妥協への期待を低下させる。もう一方では、力の行使が日本を中国の意志に従わせるための、より有効な手段であるという信念を強固なものにするだろう。

このような決定論的な世界観は、西洋の観察者には時代錯誤的あるいは特異なものとして映るかもしれない。そのような見通しは、プロパガンダの産物であると軽視する傾向さえあるかもしれない。しかし外部の観察者は、文化的・文明的な議論をレトリック的な装飾と間違えてはならない。

権威ある大衆的な文献がこの見解を強く表現してきた頻度が、深く根付いた規範が民族主義的、文化的、文明的な用語で考えるように中国人を条件づけてきたことを強く示唆している。中国のマスコミ等にある日本への排外的な攻撃は、安っぽいプロパガンダや民族主義的な感情を刺激するための文学的な手段ばかりではない。[*3] 少なくとも部分的には、人種や民族に根差した中国人の日本人に対する純粋な反感を反映している。たとえ西側のカウンターパートがそのような文化的な議論に背を向けたとしても、中国にはサミュエル・ハンティントンの『文明の衝突』の主張をはっきりと支持する者もいる。

中国の政策立案者は、西側の観測筋の感覚とは無関係、あるいは一致しないように見える政治的に誤った考えを排除することを望まない。欧米人は、たとえそれが問題に思えてもなお、中国の世界観とその背後にある仮定を極めて真剣に受け入れなければならない。さもなければ、日中関係を駆り立てる競争的要因を過小評価する危険がある。

(5) 同盟の問題――同盟への誤解が呼び込む冒険主義

中国の文献は、日米同盟が日本の安全保障にとって重要であることを一様に認識している。中国政府は、日本を衰退しつつある競争相手と見ているが、それでも同盟を厄介な戦略的連合と見ている。

中国は、日米安全保障パートナーシップがもたらす複合的な軍事力と影響力を引き続き深刻に扱っている。日本列島は西太平洋における米軍の戦力投射の基盤となる基地とアクセスを提供している。日本に対する米国の安全保障上のコミットメントは、挑発や侵略に対する強力な抑止力を象徴するものである。何十年にもわたって試され、磨かれてきた作戦上の分業体制は、日米両国の弱点を緩和しつつ、強点を最大化している。

第４章で中国のアナリストが想定した紛争シナリオでは、同盟の抑止力としての価値を明確に示している。中国が仮定する作戦上の成功は、米国が介入しないことにかかっている。これらのシナリオは、米国が行動を起こさない理由を説明しているわけではないが、日本に対する米国の内政不干渉の結果については極めて明確である。それは、自衛隊が東シナ海の海空域の指揮権をただちに人民解放軍に奪われる一方的な紛争になるということである。

中国の観測筋は、もし米軍が日本を援助することになれば、戦争に勝利する前提条件となる第1列島線沿いの公域を掌握するという中国政府の計画を強烈に複雑にすると、暗黙のうちに認識している。

多くの著作物が示唆するように、中国は日本を孤立させ、あるいは日米同盟を分裂させせようとするだろう。中国政府は、平時あるいは戦時に同盟国にくさびを打ち込むことができる。このような戦略は、中国が同盟の継ぎ目や弱点を正確に認識し、活用した場合にのみ機能するであろう。

丁云宝と辛方坤は、中国の考え方に関して、いくつかヒントを与えてくれている。彼らは、同盟は自発的でも平等でもないと主張する。彼らにとって、米国は同盟を通じて日本を支配しようとしており、他方で日本は同盟を利用して戦略的な独立を目指し、自身を正常化しようとしている。このような「和解できない矛盾」は、中国にとって同盟を「分化する」機会となる。[*4]

彼らは同盟を離間させるための具体的な方法については述べていないが、「包括的な協力」を通じて、米国を中国側に引き抜くことを求めている。言い換えれば、米国への誘引策が同盟内部の分裂を助長するかもしれないと考えている。

しかし、第3章と第4章で引用した文献が日米同盟について、常に論理的に一貫しているわけではない。一部の著者は、日本が米国とのパートナーシップを利己的な目的のために利用しているのではないかと疑っている。彼らは、日本が戦略的な独立を目指し、さらには世界的な野望を追求するために日米同盟を一種の政治的隠れ蓑にしていると考えている。しかし一方では、日本の作戦上の米軍への依存が、現状からの現実的な脱却を妨げているかもしれないと考えている。

この著作物はまた、現代の米国の同盟関係について根本的な誤解を露呈している。何人かは、米国が圧倒的な権威で日米関係を支配し、日本の決定には絶対的な拒否権を行使すると信じているようである。彼らは、日米政府間の高度に制度化された交流を支配している、複雑で合意に基づくルールや規範および共通の理解を見逃している。同時に、米国の影響力を過大評価し、同盟国の意思決定における日本の自主性や主体性を過小評価している。

そして中国のアナリストは、同盟の強さと強靭さについて、思慮に欠けるとは言わないまでも、過度に楽観的な態度をとっていると思われる。

第４章で述べた、米国が介入しないという戦時のシナリオは、薄弱な前提に基づいている。米軍基地を避けて日本の基地だけを狙った中国のミサイル攻撃は、実戦を回避させるよう米国を説得できると考えている。彼らは、日本の防衛および安全保障条約に対する米国政府の政治的コミットメントを軽視している。同条約は、日本が管理する領土に対するいずれかの同盟国への武力攻撃が、同盟が行動する「共通の危険」であることを明確に確認している。[*5] 彼らは、米国の指導者が日本側の戦いに参加することのコストと利益を狭義の利己的な条件で評価するだろうと確信しているようである。また日本に駐留する米軍の目的意識と即応体制をも見落としている。

もっとも注目すべきは、日本列島全体に広がる米軍の膨大なフットプリントや、米軍と自衛隊が主要な基地や施設にどの程度共存・統合されているかを無視していることである。この恒久的な前方展開部隊は5万4000人の要員を擁し、第7艦隊、第3海兵遠征軍、第5空軍から構成され、米国のアジアにおける地域戦略の主要な軍事手段である。[*6] このように、米国の政治指導者と作戦司令官は、そのような攻撃が日本の基地に限定されたものであったとしても、その攻撃を軽視したり、無視したり、些細なことにこだわったりする可能性は非常に低い。

つまり戦争の作戦面や戦術面で、中国が米国を日本から簡単に引き離すことができるという考えは、その蓋然《がいぜん》性を過大評価している。米国政府を傍観させようとする人民解放軍の軍事行動は、第4章で想定しているシナリオよりはるかに問題が多いかもしれない。しかも裏目に出る可能性が十分ある。中国の政策立案者や計画立案者が、日本を孤立させるための作戦計画の潜在的な戦略的負担をどのように評価するかは不明である。

中国の文献は、日中間の武力紛争を避けるという米国の最初の決定は不可避であると推測している。それらは日本が大敗することが明らかになり、あるいは敗戦寸前にあることが明らかになってから初めて、米国が考えを変えて介入する可能性を無視している。歴史が示唆するところによれば、海軍の覇権国は、取り返しのつかないほどのダメージを与えるような海軍の勢力バランスの変化を回避するために断固として行動する。[*7] たとえば、ペロポネソス戦争の直接の原因となった同盟国コルキラの防衛のためのアテネ海軍部隊の派遣、ナポレオン戦争中のデンマーク艦隊に対する英国の攻撃、1940年にウィンストン・チャーチルが北アフリカのフランス艦隊を攻撃した悲痛な決断など、いずれも大規模な海軍部隊が悪意ある者の手に落ちるのを防ぐためであった。

米国政府は、日中間の海戦という仮説の中で、日本の敗北と海上自衛隊の無力化の可能性が、アジアの海洋戦力に受け入れがたい相関関係をもたらすと計算するかもしれない。したがって、海軍力の不利なバランスの出現を未然に防ぐために、たとえ遅れたとしても日本のために介入するかもしれない。つまり米国のぐらつく決意と、同盟の脆弱性に関する中国の甘い思い込みは、おそらく見当外れである。

さらに重要なことは、このような誤解が、中国の指導者に同盟の決意を誤って判断させたり、実際は存在しない同盟の継ぎ目があるかのように認識させたりする危険性に、著作物が志向していることである。海上での敵対的な日本と中国の遭遇は、危機的状況において誤算を招きかねない。

幾人かの中国のアナリストにある、日米同盟に関する誤った仮定を受け入れる明らかな意思の存在は、彼らの著作物が外部の観測筋にはほとんど見えない指示に従っている可能性を示している。[*8] 専門家や評論家の中には、自らのナラティブや発見を党の政策課題に合致させ、そして党の思想的感性に訴えるように意識的、または潜在的に調整している者がいると考えられる。彼らは、自分たちの信じるところが指導者や一般大衆に受け入れられる可能性の高い作品を制作しているかもしれないが、これは権威主義社会でよく見られる機能不全である。このことは、中国の評論家が日本人を悪者扱いする傾向をある程度説明できる。

たとえば中国の海軍力の成長を宣伝する、日本の没落を強調する、同盟の結束の不足を誇張する、まるで19世紀の不平等条約に基づいているかのように同盟関係を記述する、そして日米両国は弱い決意を抱いていると推測する、などである。

しかし危険な点は、複雑な問題への政治的には正当な答えが、中国共産党や人民解放軍の悲惨な決定を導いたり、あるいは最悪の衝動を助長したりする可能性もある。これらの安心させるようなナラティブによって、政治指導者や軍の指導者は、中国海軍を実際以上に強く思わせたり、あるいは厳しい選択に直面した場合に米国が譲歩したり傍観するであろうと思わせるかもしれない。

中国政府はひどく計算を誤って、避けていたはずの紛争に自らを巻き込んでしまう可能性がある。

はっきり言って、中国のアナリストたちは嘘をついたり、偽りの情報を提供したりはしていない。戦略的な傾向線とそれらが識別する定量的尺度は、西側の公刊情報から利用可能で検証可能なデータと一致する。むしろ彼らは、分析の誤りの犠牲になっているのかもしれない。中国の専門家が研究をするうえで必ず追究しなければならない政治的でイデオロギー的な要素のために、一般的な知識や「党の路線」に合致しない情報を選りすぐり、見過ごし、無視し、あるいは抹消する傾向は、西側諸国よりも顕著である。

しかし同盟国の意志のような重要な判断を誤ることとは、彼らがそれらの見解や信念を純粋に保持していないということを、必ずしも意味するものではない。このように著作物を推論的に解釈したことは、この研究の重要な前提を補強するものである。すなわち欧米のアナリストは、中国の世界観、分析の枠組み、そして中国のアナリストが客観的な事実や証拠をフィルタリングするレンズについて、よりよく理解しなければならないということである。外部の観測筋は、中国の専門家が書いていることを真剣に受け止め、公刊情報の著作物を単なるプロパガンダ、あるいは無知のおしゃべりとして退ける誘惑に抵抗する必要がある。

以上のように、中国側の論者が指摘してきた物質的、地理的、観念的、連合的要素の相互作用の可能性は、日中間の海軍の対立に決定的な影響を与える可能性が高い。中国の予測が正しければ、日本政府と中国政府はここ数年のうちに混乱に向かう。パワーバランスが中国に有利な方向に変化し続けるならば、中国の自信過剰が中国政府のリスク計算を大きく変えるだろう。最悪の場合、過剰な自信が自制心を打ち負かし、慎重な姿勢から一転して、そういう事態にならなければ許容されなかったであろう好戦的な行動へと走る可能性がある。

このような自信と、日本の動機に対する中国の民族主義的・国家主義的な解釈が結びつき、中国政府の意思決定にさらに歪んだ影響を及ぼす可能性がある。中国の海洋進出に日本が執拗に反対しているのは、長期にわたる不安と遺伝的にコード化された中国恐怖症に起因しているとの見方は、特に気がかりである。このような認識は、中国の指導者たちに力こそが日本政府を服従させる唯一の手段であると考えさせる可能性がある。中国指導部の一部にとって、「日本に教訓を与える」という命令は、あまりにも魅力的で抵抗できないものかもしれない。仮に中国の政治家や司令官たちが、日本を孤立させ、米国を脇に追いやり、あるいは同盟を分裂させる機会であると感じれば、この誘惑は特に強くなるかもしれない。

中国指導部のタイミングの感覚は、中国政府が日本に対抗する動きをさらに強める可能性がある。第1章で指摘したように、習近平は、中国が復活に向けて前進するためのスケジュールを示している。ある時点における戦略的モメンタムと戦力の相関関係の計算が、中国共産党に日本を圧殺し、米国をアジアから駆逐する機が熟したと判断させるかもしれない。あるいは、予定より遅れていると党が認識したときに、国家の偉大さと再生に向かう中国政府は日米同盟といった障害を取り除くため、より迅速に行動するかもしれない。好機か否かに関する中国の判断は、次に日中間の海軍の対立の背景にある様々な要因と相互作用することになる。

要するに、抑止力の破綻の要因と、その要因の様々な組み合わせが多く存在するということである。この中国と日本の勢力が海上で衝突する可能性を無視するのは軽率である。

同盟戦略への影響

以上の分析は、日米同盟にとって重要な意味を持つ。中国が急速な海洋進出を続けていることから、安全保障上の協力関係が侵略を抑止する能力に一層の負担がかかりそうである。同様に懸念されるのは、人民解放軍がすでに第1列島線をはるかに越えて戦力を展開し、遠方まで火力を運搬できる豊富な能力を保有し、米軍と自衛隊にコストを課していることである。

このような展開は、状況を一変させるものではないにしても、同盟の想定しているエスカレーション優位と戦闘行動に挑戦する可能性が高い。もし日米両国がこれらの前提を再検討せず、それに応じた是正措置をとらない場合は、同盟は抑止が失敗したときに戦略上も作戦上も不測の事態に直面することになるだろう。不測の事態や敗北を回避するためにも、日米両国は、新たな作戦構想や兵力態勢そして能力を採り入れるなど、考え方を変えていかなければならない。言い換えれば、この変化は物質的なものであると同時に知的なものでなければならない。

(1) パワーシフトがもたらす軍事作戦の変化

日米の政策立案者はまず、アジアの海洋における歴史的なパワーシフトがすでに起こっていることを認識しなければならない。あまりにも長い間、防衛計画者と広範な戦略コミュニティは、日中間の地域的な力学を軽視しながら、米中間の海軍バランスのみに焦点を当ててきた。過去、同盟国の優越性と海上自衛隊の質的先進性が中国には克服できないものと見られていた時代において、日本の役割は当然のものとして考えればよかった。

しかし今日において、バランスが中国に有利に傾くにつれ、日本の相対的な衰退は同盟の抑止態勢における「弱い環」となって現れる可能性がある。日本がどの程度遅れているかを理解することは、中国が地域の不均衡をどのように認識しているかを含め、同盟国の意思決定においてはるかに重要であるはずである。このような包括的な見積もりは、戦略、態勢、作戦、競争力についての米国と日本の計算に不可欠に違いない。

日米両国は、同盟国海軍の存在意義である海洋での戦争を戦って勝つことへ決意を新たにしなければならない。前述の著作物が中国政府の何らかの意図を示すものであるとすれば、中国は局地的なハイ・エンドの戦闘〈高性能兵器にする高烈度戦闘〉において、近代海軍に対する戦力を試す準備を進めている。中国海軍のハイテク海上戦闘能力の向上は、海上自衛隊だけの問題ではなく、米海軍にも悲惨な結果をもたらすだろう。

第2章で指摘したように、中国の長距離対艦ミサイルは、日本の戦闘艦艇と同様に米国の軍艦にとっても脅威である。さらに同盟国の海軍は、類似のプラットフォームとシステムを運用し、戦術、技術、手順について共通の理解を共有している。そのため、人民解放軍の偵察・攻撃複合体にさらされる等、同等な強みと脆弱性を持っている。

このように、中国が日本について得てきた教訓は、米国に幅広く適用可能である。実際、日中衝突の可能性に関する著作物の評価は、仮に米海軍と中国海軍が敵対した場合にも十分に当てはめることができるし、その逆もまた同様である。中国の専門家がそのような当てはめを行う限り、海上自衛隊に対する彼らの理解は、米海軍に対する評価ということになる。つまり中国の海軍力の台頭は、日本に対する軍事的挑戦であるだけでなく、日米同盟にとって戦闘行動のジレンマになっている。

抑止が失敗した場合、同盟国はもはや公域に対する支配を継続できるとは考えられない。中国は東シナ海における同盟国の制海権、制空権に対抗しようとするだろう。また、中国は自分のために、これらの領域の支配を握ろうと試みるだろう。同盟は単に支配権を維持するために戦っているのではなく、一時的であったとしても、人民解放軍に奪われた公域へのアクセスと利用を取り戻すために戦う可能性が高い。

この見通しは、過去30年間、軍事面で他の追随を許さない優位を維持してきた同盟にとって、大きな転機となる。このような新たな現実に適応するためには、日本と米国の前方展開部隊に対する中国海軍の挑戦を明確に評価する必要がある。

同盟は自らの優位性を失いつつあることと、そして作戦、ドクトリン、能力に変化がない限り、その地位の低下が加速することを認めなければならない。

同盟関係のズレの原因の1つは、ミサイル時代における現代の海上戦闘が攻撃側に有利に働くことである。中国のミサイル中心戦略は、日本の水上艦艇や日米両軍基地にとって大きな脅威を突きつけている。ミサイルは、建造物、港湾施設、弾薬や燃料補給廠《しょう》、レーダー、滑走路等を含む基地内の固定された施設を危険にさらしている。また、「いずも」「ひゅうが」級空母など、レーダー断面積の大きな主要水上戦闘艦艇はセンサーにより探知されやすく、人民解放軍のミサイル部隊による追尾や目標選定が容易になると考えられる。海上自衛隊の水上部隊の中核である軽空母に、中国の評論家が無関心に見えるのも、このためであろう。最近の著作物によると、固定翼戦闘機の搭載に向けて空母を改修するという日本政府の計画について、彼らはかなり楽観的であることを示唆している。ある記事は、海上自衛隊のヘリコプター護衛艦は中国の火力にとって「格好の標的」であると主張しているが、これは特に問題である。[*9]

ミサイル防衛は、自衛隊へのリスクを部分的にしか軽減しない。現在のミサイル防衛システムで迎撃できるミサイルの数は比較的少ない。[*10]中国が日本の基地や水上戦闘艦艇に対して発射できる大量の集中攻撃は、ほぼ確実に艦隊や基地の防衛を圧倒するだろう。コスト交換比率、つまり防御側のミサイル防衛のコストに対する攻撃側のミサイルのコストは、大きく攻撃側の有利に傾いている。防御側が向かってくるミサイルを撃墜できるという合理的な確信を得るためには、複数の迎撃ミサイルを発射する必要がある。このためコスト交換比率は、攻撃側に有利になるのである。このように中国のミサイル脅威は、日本にとって作戦上、戦術上、資源上のジレンマを与えている。

中国のミサイルは、ハイ・エンドの戦争を遂行するために設計された、複雑で高価なシステムである日本の優れた能力の価値を下げ続けるだろう。日本の軽空母のような大型で多目的のプラットフォームは、中国のミサイル能力によってその脆弱性を拡大するにつれて、ますます過酷な作戦環境で運用されることになる。

さらに悪いことに日本の海軍力は、比較的少数の主力艦に集中している。これらの価値の高いアセットに対する集中的打撃で生じる損失は、海上自衛隊を麻痺させてしまう可能性がある。日本が午後（半日）の間に艦隊を失うリスクは極めて現実的である。

これは単なる誇張ではない。１９０５年5月の日本海海戦におけるロシア海軍の惨敗がその例である。[*11] 5月27日午後、旅順港に閉じ込められていた太平洋艦隊を救援するために派遣されたバルチック艦隊の増援部隊は、もっとも悲惨な敗北を喫した。日本海軍によるすべての戦艦を含むこの艦隊のほぼ完全な破壊は、機械時代（machine age）における戦争の壊滅性を実証した。[*12] この壊滅的な敗北は、ロシア政府に平和を強いることによって、日本に戦略的勝利をもたらした。21世紀のミサイル時代にあって、海上自衛隊に（ロシア海軍と）同様な運命をたどらせる可能性がある。

そのような危険を回避するために、日本は能力のポートフォリオ〈作戦に用いる兵器や部隊の組み合わせ〉を再調整する必要がある。海上自衛隊が中国の先制攻撃を確実に耐えるようにするためには、重装備の航洋型ミサイル艇を含む、小型かつ安価で数が多く冗長なシステムが必要である。さらに重要なことは、海上自衛隊がこのような攻撃から回復し、抵抗する能力を維持しなければならないことである。

(2) 冷戦期の攻勢的気質を回復する

長期にわたって効果的に競争するためには、日米両国は中国の弱点と中国のリスク計算をよりよく理解しなければならない。これらの脆弱性と危機感に対して、相応の圧力をかけなければならない。

中国は不死身でもなければ、リスクに対して鈍感でもない。実際のところ、中国海軍の力と数が増大するにつれて、中国は戦争で失うものが増えている現象を同盟国は利用すべきである。たとえば、ますます有力となりバランスのとれてきた中国の水上艦艇を考えてみよう。第2章で示したように中国海軍は、主に高速攻撃艇、潜水艦および陸上配備の航空機で構成される軽量の沿岸兵力から、過去20年間をかけて遠征型の海軍へと移行中である。現在では、空母、水陸両用強襲艦、巡洋艦、駆逐艦、フリゲート艦、コルベット艦等、必要な主要水上戦闘艦艇を保有している。この印象的なシーパワーを作り上げる過程で、中国の指導者は資金、産業、技術そして知識のそれぞれにおいて、乏しい資源を海軍計画に注ぎ込まなければならなかった。

中国海軍の価値は成長に伴って増加していることは間違いない。一方で、艦隊が多大な損害を被ることに対する指導部の許容度は、それに応じて低下している可能性が高い。

中国政府に対する中国海軍の価値は、物質的な価値をはるかに上回る。中国の政治家は、国家意志を数十年にわたる海軍の増強への投資に結びつけるために、貴重な政治的資産を費やした。彼らは、シーパワーが国家の繁栄に不可欠な要素であることを国民に納得させようと努めてきた。そして社会は、海軍力を中国の台頭の象徴として受け入れてきた。つまり海軍は、敵の意志を抑え込むために設計された戦力であるだけでなく、国威とも密接に結びついている。

そもそも彼ら自身の苦い歴史は、艦隊を失う危険について中国人を敏感にさせている。彼らは、海での壊滅的な損失が海洋国として野心を何十年も後退させる可能性があることを理解している。1894年から1895年にかけての日清戦争は、中国から有能な海軍をほぼ1世紀にわたって奪った。海軍の敗北は清国の無能さを露呈し、清国政府に大きな心理的打撃を与えた。義和団の乱のような大規模な社会混乱を引き起こし、やがて満州人の支配に幕を下ろした。今日、同じような規模の海軍の損失があれば、中国指導者の個人的な評判や党の信頼性に計り知れない打撃を与える可能性がある。第1次日中戦争〈日清戦争〉に関する膨大な現代の著作物は、中国指導部の反省を含め、中国共産党が海上での戦争に敗れることの結果を強く意識していることを示唆している。[13]

過去の権威主義国家の経験は、中国が艦隊を失った場合、体制の生存さえも危うくなる可能性があることを示している。1905年の帝政ロシアの日本に対する屈辱的な敗北は、革命の引き金を引き、海軍による反乱を含め、帝国全土で政治的・社会的混乱を引き起こした。[14]ニコライ2世はこの騒乱から必死に王朝を救うために、政治改革を実行せざるを得なかった。

1982年のフォークランド紛争ではアルゼンチンが英国に惨敗したことで、ブエノスアイレスの軍事政権に対する民衆の反発が高まった。[15]敗北は政権の崩壊を早め、民主政治の回復を助けた。政治権力の独占に執着する中国共産党にとって、こうした歴史の教訓が失われることはないであろう。

したがって艦隊を危険にさらすという考えは、中国の指導者にとって政治的に重大なことである。

実際、中国海軍の戦力構成に占める主力艦の割合が高まっていることから、中国政府は一段とリスク回避的になるだろう。確かに中国の指導者は、西側の政治家ほどリスクに対して敏感ではないかもしれないが、結局のところ軍隊は、実存的利益を守るための最終手段であり続けている。しかも中国政府はほぼ確実に、保有する貴重なアセットが失われる可能性に鈍感ではない。

この意味で、チャンスは同盟側を手招きする。

中国政府が艦隊を大事に扱っているのなら、同盟側はそれを人質に取るべきであることを戦略的に意味する。日米両国は、海洋における戦争で中国海軍全体に壊滅的な損害を与えることのできる能力と実際の機能を備えなければならない。1894年の清国北洋艦隊の惨禍を再現するような、艦隊を破壊できるほどの態勢が約束されるならば、彼らの計算に大きな影響を与え、中国政府を抑止する可能性がある。特に同盟の潜在的な戦闘力は、長期にわたって人民解放軍の計画立案者を魅了してきた、戦場における主導権を掌握するための奇襲攻撃計画や艦隊の保全計画を含む軍事オプションの行使を思いとどまらせるものでなければならない。同盟は、勝利への近道はないと中国政府を説得しなければならない。

同盟は、海洋問題に関する中国側の対日認識を受け入れる必要がある。

著作物が強く示唆しているように、もし中国の世界観が日本について最悪の事態を想定するように組み込まれているのであれば、いかなる日本の再保証や善意のジェスチャーもその考えを変えることはないだろう。もしこの仮説が正しいとすれば、軍事交流を含む信頼醸成措置はもっぱら戦術的問題にのみ関連するにとどまり、海洋関係全体にはわずかな利益しかもたらさないことになる。また、中国が日本という国をどう認識するかについて、限定的な影響しか与えないだろう。疑念、敵意、そして外国人嫌いさえも、中国の対日姿勢を特徴づけるだろう。同盟は中国の信念体系をよりよく理解するだけでなく、それをより大きな海軍の競争に参戦するための基礎として受け入れなければならない。

その一方で、中国の妄信の中には、活用するのに適したものもある。たとえば中国政府は、日米同盟が第１列島線の中に中国を閉じ込める強い意志を持っていると確信しているように見える。

同盟は、この閉所恐怖症の感覚をうまく操作すべきである。また、日本の島嶼の位置を最大限に活用しつつ、中国政府の地理空間的な脆弱性への心理的不安も利用すべきであろう。たとえば南西諸島に配備されている一連の対アクセス兵器は、戦時における中国の航空および海軍作戦に明白にコストを強要し、潜在的に人民解放軍の戦争目的を拒否する可能性がある。[*16] そのような痛みが予想されれば、そもそも中国政府の行動を抑え、抑止力を強化するかもしれない。

中国の判断の中には日本の国民性に関する偏見的な一般論もあるが、日本人の思考や行動には有効な継続性があると指摘するものもある。たとえば、歴史と伝統が海上自衛隊の組織的なアイデンティティと慣行、すなわち海上自衛隊の強みと利点の源泉に及ぼす影響についての中国の見方は正しい。日本は戦略的伝統について、ことさら自虐的になるべきではない。むしろ日本の競争力を強化するために、これらを受け入れるべきである。

日米両国はまた、冷戦時代に同盟を規定したものの、その後は後退している、中核的な戦闘の原則を復活させなければならない。攻勢的気質の文化を含め、1980年の米国海洋戦略が同盟国に教え込むのに役立った共通の作戦的展望を回復しなければならない。[*17]

とりわけ中国の侵略を抑止するためには、同盟の戦略的かつ作戦的な一体性が不可欠である。中国の評価の根底には、日米同盟が依然として中国の海洋進出に対する最大かつもっとも信憑性の高い障壁であるという前提があるように思われる。

平時においては、同盟が志を同じくする海洋パートナーとのネットワークを形成し、中国を包囲していると見ている。戦時においては、日米両軍の複合した軍事力が人民解放軍の作戦目的を阻害する可能性があると確信している。

こうした中国の判断を強めさせるために、同盟は最大限のことをしなければならない。その不可分性を示すことができる限りにおいて、安全保障パートナーシップは依然として中国政府の計算に影響を与え、選択肢を制限し、中国の意思決定者の心理に不確実性を与えるかなりの利点を持っている。

日米両国にとってもっとも緊要な事項

日米同盟は、知的かつ物質的な中国の海洋における挑戦に直面している。中国は、わずか10年前とは比べられないほど、大きな海への自信と能力を持っている。それゆえ日米同盟の2つの主要任務である抑止と戦闘は、今後さらに大きな問題となり、数年先にはさらに大きくなるであろう。

それにもかかわらず日米のパートナーシップは、中国政府の計算や行動に影響を与えることのできる強い立場にある。大型艦の連続建造を含む中国海軍の大変貌は、中国が失ってはならないほど貴重なものを今では持つようになっているという点について、重大な不利を象徴している。これは過去にはなかったことである。攻勢的気質の同盟軍の戦略は、中国の指導者が過去に考えたことのないリスクを与え、コストを強要する可能性がある。

同盟は、この新たに出現した喪失の恐怖に対して絶え間ない圧力をかけ、中国の侵略やその他の不安定化させる行動を思いとどまらせ、抑止することができる。

調査した著作物では、中国が全体的なバランスと同盟関係を評価する際の分析上の盲点も明らかにしている。日米両国政府は、政治・作戦面での同盟国の弱さに対する中国の誤った認識を払拭するために最善を尽くさなければならない。持続的で透明性がある意思と目的を定期的に示すことが、同盟戦略の重要な特徴でなければならない。究極的には、日米両国は海上で戦い勝利するための戦力を保持し、中国に勝てないと納得させなければならない。

中国の海軍力増強の規模と速度は、同盟が競争の頂点にとどまるために、その潜在的な影響力のある点に対してただちに行動することを求めている。

第6章　結論

――日米同盟に残された時間は少ない――

現在よりはるかに競争の激しい安全保障環境に備えることになる政策立案者と戦略家の双方に対して、いくつかの広範な考察を行って締めくくることにする。

第1に、この研究の主要テーマである海洋アジアにおける地域的な軍事バランスの問題を再確認しておきたい。米国の戦略コミュニティには、米中2国間の海軍バランスのみに焦点を当て、他の関係国を排除するといった無用の風潮があった。米中の軍事競争はインド太平洋地域でもっとも重要なものであるが、地域の安全保障の動向、中国の相対的地位、同盟国の戦略への影響を理解するうえで重要な他の地域バランスの見積りを締め出すべきではない。米国政府は自己への言及を控える必要がある。

中国が海洋国家として急速な発展を続ける中で、米国の同盟国が直面している強い圧力を政策立案者がより的確に把握するには、地域バランスを詳細に調査することが役立つ。それは、次第に厳しくなる海洋環境において、同盟国が行わなければならない戦略面、作戦面、戦力構成面、そして資源面での選択について、観測者の理解を助けることになる。また、この地域に潜在する米国の力をより正確に測定することにもつながる。

結局のところ、中国に対して米国の全体としての力を構成しているのは、米国と同盟国の連合軍に他ならない。平時および戦時における地域海軍の潜在的な貢献を加えなければ、海軍力のバランスに関するいかなる評価も不完全なものになるだろう。かように地域国家の国力は、米国の競争力にとって不可欠な要素である。実際、米国と地域国家が連合しての戦争は、パワーバランスを優位に傾けるとともに紛争時に敵を孤立させる潜在力を含めて、米国が中国に対して依然として優位を保つ数少ない分野の1つである。

第2に、これまで調査してきた著作物は、我々が中国人から多くを学習できることを示唆している。これまでの常識に反して、中国の著作物はかなり透明性が高く、特に外部のアナリストが大陸で行われている議論をどこで探せばよいか知っている場合はなおさらである。

文献は、中国と相手の相対的な強点と弱点に関する明瞭な判断、海で中国が台頭してきた軌跡と速度の感覚、意志に合わせて事態を変化させる中国政府の能力についての自信、そして有能な敵との間で想定される海戦における作戦の詳細などを伝えてくれる。公刊情報がすべての質問に答え、またすべての謎を解いてくれるわけではないが、文献自体は中国海軍の現在および将来の発展に関する情報に基づいた討論であると見なすべきだろう。もし利用者が合理的な期待と健全な懐疑心を持って著作物を読めば、一連の研究は失望させないだろう。

米国の戦略コミュニティは、これらの情報源を中国海軍の戦力組成、造船所施設、作戦配備、演習など観察可能な実証された事実と比較することによって、中国の意図と能力を精密に測量することに利用できる。著作物のレビューでは、西側の戦略コミュニティがすでに中国の海軍について導き出した結論の多くを改めて確認しているが、それはまた、海上における中国政府の展望に関する態度の変化を測定するための分析的な基準を提供している。たとえば、過去10年間に増加した中国政府の自信は、海軍力の増強とほぼ一致している。中国の論文等を把握することは、政策立案者が中国海軍の将来の方向性や潜在的な課題をより的確に判断するのに役立つだろう。

最後に、日本のシーパワーに関する中国の認識は、将来の研究に供されるべき多くの追加質問を提起している。アナリストは、日米両国の専門家が日中の海軍のバランスをどのように見ているかを調査し、この研究で調査した内容と比較することができる。日本と米国の評価は、中国の公刊情報との大きな意見の相違があった場合でも、政策に関連する有益な洞察をもたらす可能性がある。中国が日本の海軍力を過小評価するか、あるいは過大評価するなど、誤った結論や判断を下している点については、同盟国が操作することができる知的盲点を表している可能性がある。

もっと理論的な研究活動は、中国が日中間の海軍の不均衡を明らかに無視している分野の背景にある理由を探り得る可能性がある。

第2章で示した相対的な力の変化は、なぜ十分に報告されることなく、また研究されてもいないのか。これは変化を遅延して認識する機能的な理由によるものなのか。もしそうなら、遅延させる原因は何か。冷戦後の米国の覇権、特にアジアにおける米国の海軍力の優位は力学の変化を覆い隠してきたのだろうか。あるいは、どの同盟も共通に罹る病理である、ジュニア・パートナーの助力を当然のものと見なす傾向が、中国の手落ちの一因となったのだろうか。こうした調査から得られる知見は、同盟の管理者や研究者が、地域のパワーバランスにおける重要な転換点を見過ごす要因を予測するのに役立つかもしれない。

本書は、中国が驚くべき速さで日本に追いつき、追い抜いたことで、中国の立場と軍事的選択肢が根本的に再評価されたことを明らかにした。

それ以上の変化が急進的な形で数年のうちに起こるかもしれない。5年あるいは10年後に、中国と日本の力の差はどの程度広がるのだろうか。その結果、中国の将来見通しに対する態度はどのように変わるのだろうか。中国政府の次の段階と計画について、中国の文献はどの程度の早期警戒情報を日米同盟に与えるだろうか。

結果が高く付くことを考えれば、政策立案者は海軍競争の次の段階の輪郭と向かう方向について、前もって考えておかなければならない。

監訳者あとがき

翻訳にあたって

この論文を書いたトシ・ヨシハラは、長く中国海軍と海上自衛隊の双方を観察してきた専門家である。米海軍大学では中国研究の中心を務め、海上自衛隊に関する著作も多い。当然、海上自衛隊の装備や防衛政策にも詳しく、全通甲板が特徴の護衛艦「ひゅうが」や「いずも」の建造時にマスコミを賑わした、空母と呼ぶ是非に関する論争や、ジェーン海軍年鑑ではフリゲート艦に分類されている排水量2000トンの「あぶくま」型であっても、10倍大きな「いずも」と同様に護衛艦と呼んでいる日本の事情について知悉《ちしつ》している。

海上自衛隊の艦艇の種別は防衛省の法令で定められている。おおむね千トン以上の水上戦闘艦艇の種別はすべて護衛艦であって、コルベット艦、巡洋艦といった種別はない。この是非について長年にわたり国内で様々な議論があったが、世界で統一された呼び方はなく、各国がそれぞれ決めているのが実情である。一例として、ソ連海軍が対潜巡洋艦と呼んだモスクワを西側ではヘリコプター空母と分類していた。したがって、日本が海上自衛隊の創設時にさかのぼって使用してきた区分を変更する必要はなく、「いずも」が大型であっても護衛艦と呼ぶことに問題はない。

こうした事情を知るにもかかわらず、本書でヨシハラは「いずも」型ヘリコプター護衛艦を軽空母（light carrier）あるいは空母（carrier）と表現して、護衛艦（destroyer）とは書いていない。この理由は、本文の前後の脈絡からも明らかなように、中国海軍の保有する艦種との能力や戦力組成の比較を容易にするためであったと推察される。また形状だけ見れば、空母に近似した「いずも」をあえて駆逐艦（destroyer）と書くことによって、日本の事情を知らない米国の読者に不要な誤解を与えることを避ける配慮が働いたものと思われる。そのため、翻訳にあたってはヨシハラの意図を尊重して、特に日中海軍を比較して論じている箇所においては原文のままの呼称を使用し、海上自衛隊の使っている艦種区分への呼び替えを避けた。

日本の安全保障法制の規定する自衛隊の活動の区分についても同じである。たとえば、日本が2020年初頭から護衛艦1隻と哨戒機2機をもってオマーン湾等で行っている情報収集活動を、ヨシハラは警察的な任務（constabulary activities）と説明している。正しくは、防衛省設置法第4条18「所掌事務の遂行に必要な調査及び研究を行うこと」に基づく情報収集活動であって、警察的な任務ではない。これも日本の法制の特質によるものである。そのほかにも北方領土をクリル諸島と記述するなど、本書には煩雑な日本の国内事情への説明を避けるためか、意図してそのように記述していると思われる部分があったが、いずれの用語も論考上の主題ではなく、読者に誤った認識を与える可能性は高くないと考え、原文そのままとした。

また、中国の批評家が日米同盟に起因して、海上自衛隊が過度に対潜戦に専門化し、著しく不均衡な戦力構成につながった状況を、「びっこの巨人（跛脚巨人）」にたとえている箇所がある。「びっこ」はいわゆる差別語であり、国内ではこの語に替えて「足の不自由な人」が一般に使用されるが、「びっこ」が直感的にイメージさせる機能的な不十分さを感じ取ってもらうために、置き換えずに翻訳した。

日米同盟の弱い環

〝中国政府は日米同盟が圧倒的な軍事的優位を有していると信じるならば、危険を冒すこと、あるいは侵略に取りかかることについて再考するであろう。逆に、もし日本政府が同盟の抑止態勢の中で弱い環になりつつあると判断したならば、中国は鉄のサイコロを振る誘惑にかられるかもしれない〟（本文51頁）。

〝弱い環（weak link）〟のたとえには厳しい響きがある。
同盟関係を船の錨鎖《びょうさ》にたとえると鎖の環1つずつが加盟国となる。すべての環が強く健全に維持され相互に堅くつなぎ合っていれば、同盟という船はたいてい嵐にも立ち向かうことができるが、弱い環があれば小さな嵐でもそこから錨鎖は切れる。米国の同盟ネットワークの中で韓国が弱い環と呼ばれたことがあったが[*1]、たとえ可能性とはいえ、日本が日米同盟の弱い環と呼ばれたことはなかったのではないだろうか。

同盟の連携は弱い環のところから切れる。

長く中国海軍と海上自衛隊の双方を観察してきたトシ・ヨシハラの言葉であることを考えれば、米国の戦略コミュニティが日本の防衛力の不健全さを強く感じ始めている事実がこの一語からにじみ出ている。

太平洋戦争後のアジアの国々は、何らかの形で米国のへゲモニー体制に組み込まれた。国際政治学者である白石隆によれば、太平洋戦争後の日本は米国主導の安全保障体制のもと、海洋性で資本主義的なアジアの国々を牽引し、経済的な発展を遂げた。冷戦後、日米同盟は安全保障面でも地域を牽引し、フットプリントを太平洋からインド洋へと広げた。この間、米国のへゲモニー体制に唯一組み込まれなかった国は中国であった。南シナ海に面した沿岸地域を除き、中国大陸の大部分は内向きで農民支配を基礎とする政治文化の特質を持つ。[*2]

中国の政治・軍事戦略研究の第一人者といわれる平松茂雄は、中国の国境の概念には地理的国境と戦略的国境の2つがあることを紹介している。

地理的国境とは「領土・領海・領空の範囲の限界」であり、戦略的国境とは「国家の軍事力が実際に支配している国家利益と関係ある地理的空間的範囲の限界」である。[*3] したがって、1990年代以降、中国が順調な経済発展を背景に軍事力を増強し、政治的・経済的なベクトルを外向きに志向するに従って、中国の動向が不可避的に米国主導の地域秩序に影響を及ぼすようになろうことは十分に予想されたことであった。

2000年代の米国の課題は、急激な経済発展を背景に毎年10％を超えて軍事費を増加し続ける中国に、西側諸国と同じ価値観を持たせ、地域秩序に編入し、米国主導の地域秩序を維持していくことであった。[*4]

オバマ政権が対中宥和《ゆうわ》政策をとった8年間に中国はさらに増長し、南シナ海の岩礁を埋め立て、首脳間の約束を反故《ほご》にして人工島を軍事化した。東シナ海には国際法に反する防空識別圏を設定し、自国沿岸から西太平洋を広く覆う接近阻止／領域拒否（A2／AD）の盾を構築し、侵略的な経済政策を使ってインド太平洋に債務の罠を仕掛け、軍事的影響力を太平洋からインド洋へと伸張した。2014年には、海賊対処にはふさわしくない潜水艦を海賊対処の理由でインド洋に展開した。[*5]

今世紀に入って中国が経済的・軍事的に台頭してくると、米国のヘゲモニーは相対的に衰退した。その結果、今では自由主義的で資本主義的な海洋性のアジアと、戦略的な国境を外に広げつつある大陸性の中国を分断するラインが、東シナ海から台湾海峡を通って南シナ海に現れている。

国家の生存と繁栄を海に依存している日本にとって、米国主導の自由主義体制は日本の国情にもっとも適したシステムである。言い換えれば、もっとも居心地の良い政治経済的な枠組みであって、日本がこの体制の外に出ることは考えられない。そこで日米同盟を基軸に価値観を同じくする国々と協調し、国際法と規範に基づく秩序維持のために活動をともにしていくことは、日本の大戦略として不変であろう。

同盟の環が健全であるためには、政治的な信頼性に加え、軍事的な能力、国民の同盟を支持する強い意志の3つが健全で、全体としてクレディビリティーが維持される必要がある。

ヨシハラは「不測の事態や敗北を回避するためにも、日米両国は、新たな作戦構想や兵力態勢そして能力を採り入れるなど、考え方を変えていかなければならない。言い換えれば、この変化は物質的なものであると同時に知的なものでなければならない」と言っている（本文176頁）。

〝物質的なもの〟は言うまでもなく自衛隊の能力である。もう一方の〝知的なもの〟とは、日本が直面している戦略環境の変化に国家安全保障戦略が適応していく必要であろう。

積極的な国家安全保障戦略への転換

いかにして我が国の国家安全保障戦略に健全性を取り戻すか。

第2次安倍内閣が2013年12月17日に政府決定した国家安全保障戦略は、我が国の国益を長期的な視点から見定めた上で外交政策および防衛政策を明確に示す、戦後初となる安全保障の戦略文書だった。それ以前には1957年に閣議決定された、字数で300字に満たない「国防の基本方針」が防衛諸政策の最上位概念としてあっただけで、冷戦期を含む56年もの間、具体的な安全保障戦略を欠いたまま日本の防衛は運営され、冷戦後は大きく揺らいだ。

安倍内閣のもとで国家安全保障戦略が生まれた背景には、21世紀に入ってからの米国のヘゲモニーの相対的な衰退と中国の著しい台頭があったことは間違いない。とりわけ、中国の目覚ましい経済発展と軍事力増強、共産党一党独裁体制の特異な政治体質が東アジアの戦略地図を一変させたことがある。

2012年に習近平が国家主席に就任してから、習が権力の中央集中を進める中で、中国政治は伝統的な政治体質を強め、それを外に向かって強く発現する機会が多く見られるようになった。

中国はパートナーとリビジョニストの2つの性格を持ち、それは東シナ海と南シナ海では明白である。周辺諸国との緊密な経済関係に加え、中国は北朝鮮に最大の影響力を行使できる国家として重要なパートナー国である。また、北太平洋の漁業資源保護や気候変動に協調して対応するために協力が必要な相手でもある。

しかし、2012年の尖閣諸島の国有化以降、中国政府公船は尖閣諸島の我が国領海への侵入と滞留を繰り返し、南シナ海の係争海域では強制力を使って外国漁船を駆逐している。世界が新型コロナウイルスとの戦いに専念している最中に、南シナ海で海警局船舶がベトナム漁船に体当たりして損傷させて漁具を奪い、*6尖閣諸島では日本の領海内に侵入を繰り返す事案が続いている。防衛省の報道によれば、2020年6月には中国のものと推定される潜水艦が奄美大島の東で確認され、その2日後には横当島《よこあてじま》の西海域で確認された。海図に当たれば、潜水艦は両島の間にある幅2海里に満たない国際水域を、太平洋から東シナ海に向けて潜没して抜けていったことになる。*7

一連の活動はリビジョニスト中国を見事に体現し、トシ・ヨシハラが指摘する中国海軍内に強まる自信の一端を示している。新型コロナウイルスをめぐって中国政府が行った威圧的で脅迫的な外交交渉は、中国共産党が主導する中国が異質な国家であることを強く世界に印象づけた。[*8] 中国が日本をはじめ、西側諸国とは価値観を同じくしない権威主義的、覇権主義的な国家であることはすでに明らかになっている。

日本の国家安全保障戦略から程なくして、欧州の軍事情勢は一変した。ロシアは２０１４年3月にクリミアを違法に併合したばかりか、５か月後の8月27日にはウクライナ東部にも侵入したことが拘束されたロシア兵士の存在によって明らかになった。１９９４年に英米露ウクライナは「ブダペスト覚書」[*9]（Budapest Memorandum）を結び、ウクライナの主権と領土保全（territorial integrity）を約束する代わりにウクライナに核兵器を放棄させた。同覚書には、ロシアをはじめとする署名国は、ウクライナの領土保全あるいは政治的独立を、武力を用いて脅かさないと明記されている。[*10] ロシアの国際法違反は明白であった。

これに対して、欧米諸国はクリミア編入に関わった人物や企業を特定して資産を凍結し、あるいは取引を禁止する経済制裁を発動した。その後もウクライナ東部で政府軍とロシアの支援を受けた親ロシア派の戦闘が続いたため、追加制裁を発動した。日本政府は主要7か国と協調姿勢を取って制裁を発動したが、その内容がエネルギー分野を制裁の対象外にするなど形式的な制裁にとどまり、内容が欧米に比べて軽微であると指摘された。その理由として、日本政府はロシアとの間に北方領土交渉を抱えていたため、対露制裁に一定の配慮があったと報じられた。[*11] その後、日露両政府は北方領土をめぐって外交交渉を繰り返したが、所望の成果は得られなかった。それぱかりか、２０２０年７月のロシア国民投票によってロシア憲法が改正される見通しとなり、憲法に盛り込まれた規定によって領土交渉は一段と難しくなったと評されている。[*12]

ロシアは中国と同じく農民支配を基礎とする政治文化を持つ。また同じく権威主義的・覇権主義的な政治体制は、領土というもっとも重要な国益について、昔も今も外国政府に自ら進んで譲歩することはほぼない。ユーラシア大陸の西側のウクライナの教訓は、東側の北方領土返還交渉にも当然ながら当てはまる。

中国全国人民代表大会常務委員会は２０２０年６月30日の会議で、香港に導入する香港国家安全維持法を全会一致で可決し、習近平主席は同日公付した。[*13] 翌７月１日には同法が施行され、香港市内で同法に違反した行為で10人を逮捕し、同法以外の違法集会などの容疑での逮捕者は３７０人以上に上った。[*14] 日をおかず民主派に関連する書籍が公立図書館から撤去され、閲覧や貸し出しができない状態になった。[*15] 香港国家安全維持法は、英国が香港返還時に中国と合意し、高度な自治を返還後50年間にわたって保障した「一国二制度」の国際公約（中英共同声明）が形骸化することを意味する。駐日中国大使館によれば、香港国家安全維持法は中英共同声明とは無関係であり、また1997年の香港の中国復帰に伴って共同声明に定められた英国側との関係条項の履行はすべて終わったとしている。[*16] 中英共同声明は法的拘束力が生じる文書と見る点において、中国の主張は明らかに国際スタンダードを逸している。

こうした中国の対外姿勢に対する欧米諸国の反応は明快である。

英国をはじめ欧州諸国は中国政府を一斉に非難する声明を発し、米国では下院議会に続いて上院議会で中国政府当局者や組織、金融機関に対して米国政府が制裁を科すことができる「香港自治法案」を全会一致で可決した。[*17] また、安全保障関連では、米国上下院は中国との大国間競争に優先的に取り組むために、インド太平洋正面に所在する軍事基地の抗堪《こうたん》性や継戦能力を高め、地域への米軍のアクセス能力を改善する予算案「インド太平洋再保証法案」を超党派の支持を得て可決した。[*18] オーストラリアも、米中間のより烈度の高い紛争の可能性が上昇しているとして、本土防衛や地域紛争に備えた長距離打撃能力（対空・対艦・対地）の強化を盛り込んだ国防計画を発表した。[*19] オーストラリアは、新型コロナウイルスの発生源を究明する姿勢を明らかにして以来、中国政府から強圧的かつ経済力を道具に使った脅迫的な外交圧力を執拗に受けている中での、[*20] 中国を念頭に置いた国防体制強化の決定であった。

我が国の外交の基本は、日米同盟を基軸として近隣諸国との関係を強化していくことにある。

これに加え、2006年には民主主義、自由、人権、法の支配、そして市場経済という普遍的価値（ヴァリューズ）を重視して外交を進めていくことを表明した。[*21] 麻生太郎外務大臣（当時）が表明した「自由と繁栄の弧」構想は、2007年のインド国会における安倍総理の自由で開かれたインド太平洋の演説となり、現在のインド太平洋イニシアティブに受け継がれている。

2017年に日本政府が発信元となり、米国政府が採用したインド太平洋戦略の淵源は、2006年の我が国の価値観外交にあることは間違いないであろう。

繰り返すが、香港国家安全維持法は、中国が国際法を守らないばかりか政治信条や表現の自由など民主主義国家に普遍的な価値観を共有しない国家であることを改めて明らかにした。

我が国の同盟国や準同盟国が対中姿勢を明確に示す中で、日本の対中外交は旗幟《きし》を鮮明にするよう迫られている。平松茂雄は尖閣諸島をめぐる我が国の対中外交について「日中間の争いが何も解決されず、むしろ問題が起こるたびに中国側が強い態度に出て、日本政府はそれに押されて後退し、不利になる一方である」と2005年に述べている。[*22] 相手の変化を促すべく関与しているつもりであっても、相手によっては宥和と受け取られかねない場合がある。日本の対中外交がそうであろう。ましてや現状変更を望む相手に譲歩は通じない。1つの宥和は次の宥和を呼ぶ。現状維持を望む側にとって、宥和の連鎖をいかに断ち切るかは、常に大きな外交上の課題である。[*23]

習主席は就任以来、権力の集中を進め、胡錦濤時代のように政策決定過程に利害関係と発言権を持つ多数の関係者が存在する状態[*24]ではなくなっている。

その端的な例が2016年の中国人民解放軍の大改革と、武装警察に続いて2018年7月に国家海洋局を解体して中国海警局を中央軍事委員会の指揮下に入れたことだろう。これによって中国周辺海域における海警局船艇の活動が、中央軍事委員会主席の習近平の直接的な指揮を受けるようになり、責任の所在に不透明さが薄れ、予測不能性が低下することが期待できるようになった。[*25]その半面、現場の活動は中央の強いコントロールで行われるようになるため、柔軟性が低くなる可能性がある。また現場が中央の意向を過度に斟酌《しんしゃく》して強硬な活動を行う可能性も考えられ、エスカレーションが一気に上昇する危険性を否定できなくなった。

我が国の対中外交の右手には、引き続き近隣諸国との関係重視を握るべきであることは間違いなく、この中で対中関係をケース・バイ・ケースで調整していくことになろう。その基本的な方向性は、価値観を共有する西側諸国との協調である。

他方で、左手には安全保障政策を握って、大国間競争がより烈度の高い紛争へと結びつく可能性に備え、また不測の事態に有効な軍事的な対応が可能となるよう、オーストラリア政府と同様に、見通し得る将来の安全保障環境に対中国の視点から安全保障政策を適応させていく必要があろう。

中国の目から見た日本の安全保障

ヨシハラは、日本の安全保障政策、特に自衛隊の能力ポートフォリオに健全性を取り戻すようにリバランスする必要を説いている。日本と中国海軍を専門とするヨシハラは、時に背景部分を当然のこととして省いて論じることがあるが、今回は特に、中国人の視点から自衛隊をどう見ているかを説明するために、中国語の著作物を論文から海軍関係の雑誌、いわゆる読み物に至るまで細かに拾っている。この中国文献に没入する研究姿勢について、ヨシハラは次のように述べている。

「中国の二次情報源は額面通りに受け取るべきではない。文献の分析的価値を吟味し確認するためには、著作物に没入した長い歳月に基づく判断と経験が必要である。透明性はまた、情報源に対するそのような曖昧さへの1つの解決策である。本書では可能な範囲で、以下に引用した著者の背景、専門知識、組織的所属を明らかにする。そのような適正評価が不可能な場合もある。たとえば軍の定期刊行物の寄稿者の中には、ペンネームで執筆している者がいるため、身元確認の障壁を高くしている。本書は、そのような情報源の使用

を正当化するために誠実に努力していく」（本文64頁）

比較文化研究の益尾知佐子は、胡錦濤から習近平時代の中国の行動原理について執筆するにあたり、北京のアパートで普通の人々にもまれながら生活するうちに中国的な感覚が戻り、筆を進められたと記している。[*26] ヨシハラと同様に中国という環境に没入して初めて見える世界があるということであろう。

しかし、著作物を幅広く蒐集《しゅうしゅう》する研究姿勢ゆえに、第4章に詳述された尖閣諸島をめぐるシナリオの部分を中国の宣伝あるいは興味本位の読み物と見て、忌避反応だけで片づけられる可能性がある。

第1に、例示している2つのシナリオは、ヨシハラが明記しているとおり『現代艦船（現代舰船）』に掲載された海戦物語という点がある。『現代艦船』は日本の艦船総合情報誌である『世界の艦船』に範をとった中国における海軍艦艇愛好家向けの雑誌であり、『世界の艦船』と同様に『現代艦船』に掲載される論考もいわゆる学術論文とは異なる記事で構成されている。

第2は、ヨシハラの言う「シナリオ・プランニング・ツール」とは、ボードゲーム「アジアン・フリート[*27]」であり、この2つのシナリオはいずれもこのボードゲームのゲームルールに基づいて展開された小説であることが『現代艦船』記事にボードゲームの画像とともに記されている。[*28] 一般に、軍事組織の行う図上演習（兵棋演習）には演習目的や参加者の規模に応じて様々なツールがある。多数の武器装備をその性能までを含めて模擬するためには、大がかりな装置が必要となるが、指揮官の意思決定のための簡易な演習であれば、地図や海図の上に装備を模擬した駒（兵棋）を並べ、ルールに従ってサイコロを振れば済む。演習の規模に大小はあっても原理はおおむね同じである。したがって、シナリオがボードゲームを用いたという理由をもって忌避すべき理由は見つからない。

この2つのシナリオ（短編小説）を見る限り、中国政府や人民解放軍、あるいは中国の安全保障・軍事専門家による分析や認識は何ら加えられておらず、中国の軍部や政府関係筋が作成した戦争計画とは言いがたい。他方で、表現の自由が限りなく制限されている中国であることに加え、『現代艦船』の出版母体の親企業は国有の軍需造船企業であることを考えれば、たとえペンネームであっても、厳しい検閲を受けて発表されたことは間違いなく、公表された小説の背景や意図などを自由民主主義国家の出版物と同列に扱ってよいものでもない。

したがって第4章は、シナリオの裏にある本質を冷静に見る材料として、多角的に様々な視点から分析することが適当であろう。ヨシハラもこれら2つの海戦シナリオを例示するにあたり、前後の章において中国の軍事・安保研究者の論文を多く取り上げている理由は、このようなところにあると思われる。[*29]

中国人民解放軍では、現役の軍人が論文を書く場合、現状についての意見は党から厳しく制約を受けるが、将来に関してはかなり自由である。自由であるが故に批判を受ける場合もあり、1999年に出版された『超限戦』について、監修者の坂井臣之助は「あとがき」で、著者が戦争に勝つためには新テロ戦、生物・化学兵器戦、ハッカー戦、麻薬密売などありとあらゆる手段を使うように提案しているという理由で批判的な反響が大きかったと書いている。[*30]

小さな目標の達成に大規模な殺傷力を持つ兵力は必要がないように、投入する兵力は軍事目標の種類、作戦時間、作戦空間に応じて使い分ける。手持ちの兵力が少なければ、作戦空間と時間を兵力に適合させて変える。もし軍事的手段を用いることなく目標を達成できる方法があるのであれば、それを使う。『超限戦』の作者が、戦争空間は従来の領域に加え、宇宙、電子、政治、経済、外交、文化、心理、サイバーなど諸領域に拡大し、各種要因が相互作用し、常に軍事領域が戦争の主導的領域になることが難しくなっていると述べたことが[*31]、20年後の世界で、ロシアや中国の用いるハイブリッド戦で普通に行われている。

また、習近平の「一帯一路」構想が、1年後に中国海軍の若手士官によるインド洋へのシーパワー拡大を具体的に述べた「太平洋学報」の論文となり、論文から3年後に中国国家発展委員会と国家海洋局が連合して発表した「〝一帯一路〟建設のための海上協力ビジョン」に、この論文のコンセプトが明瞭に反映されている。[*32]

こうした点を考えれば、ヨシハラが蒐集し分析を加えた著作物、とりわけ人民解放軍の戦略家の文献には、将来の人民解放軍の戦略的思考や意思に影響を及ぼす要素が含まれている可能性を否定できない。研究を踏まえ、ヨシハラは日本の防衛政策が「攻勢的な思考 offensive minded」の防衛体制へパラダイムシフトすることを促す。

日本が地域の「力の空白」にならない

ヨシハラによれば、「日本のシーパワーの競争力は回復不可能な程度まで落ち込みつつある。実際、中国海軍の建設ラッシュが現在の破竹の勢いを維持すれば、海上自衛隊は10年以内に中国海軍に永久に置き去りにされる」可能性がある（本文18頁）。

ヨシハラは中国の研究者が日中間の兵力上の不均衡を長く無視してきた（気づかなかった）背景として、冷戦後の米国の覇権、特にアジアにおける米国の海軍力の優位が力学の変化を覆い隠してきた可能性を挙げているが（本文192頁）、これは海上自衛隊の防衛力整備にも当てはまるのではないか。言い換えれば、海上自衛隊の防衛力整備は米海軍の巨大な兵力を所与のものと考え、急激に変化する戦略環境にうまく適応できなかった可能性がある。

それ以外に海上自衛隊の防衛力整備が停滞した理由には複合的な国内要因が考えられる。直接的な要因は2つある。

第1は1955年から1993年の細川内閣まで続いた、いわゆる55年体制の間、とりわけ後半の1980年代に始まった政治の混乱期に、政争の具になりやすい防衛議論は長く忌避されてきたことがあろう。非武装中立論が真剣に国会で論議されたのは、この55年体制だった。

第2は、1991年にバブルがはじけてから第2次安倍内閣まで続いた経済不況が防衛予算圧縮の圧力となって、1998年以降は常に前年度予算を割り込むマイナス成長が2012年まで14年間続いたことがある。こうした国内事情が「アジアにおける米国の海軍力の優位」を所与のものと考える甘えの構造を生み、海上自衛隊は基盤的防衛力構想の量的水準を維持することに汲々とし、インクリメンタル（小さいことを積み重ねていくこと）な技術革新を繰り返すばかりでブレークスルーのない停滞となって、抜本的な防衛体制の転換を妨げてきたと言えるであろう。

2000年以降、世界の軍事科学技術は主要兵器体系を大きく変えた。軍事活動は領域を広げ領域横断的な作戦が主流になっていく中で、中国海軍が積極的に新技術を取り入れ目覚ましい速さで増強していく一方で、我が国の防衛政策は停滞を続けた。専守防衛の解釈は戦略環境の変化に応じて変えていくべきであるが、前述の複合した要因が解釈の幅をことさら狭めてきたのではないか。周辺国の主要兵器による潜在的な脅威を少なくともオフセットできない状況が今のまま継続するのであれば、我が国は自ら軍事的な空白を作ってしまい、抑止の閾値を下げ、軍事的な冒険主義を呼び込む戦略環境を醸成してしまう。

現行憲法のもと、専守防衛の基本政策を変更せずとも、予算内で兵力組成を改善することは可能であって、ヨシハラの言う「攻勢的な思考」による防衛政策へとパラダイムシフトができるはずである。

我が国の防衛政策が喫緊《きっきん》になすべきことは、想定される主要な作戦空間と作戦領域で、中国をはじめ周辺国の保有する主要兵器、並びに一連の作戦手段のオフセットである。具体的には次の4点が考えられる。

まず、中国に対する安全保障政策を守勢から攻勢に転換することがある。

1980年代の日本は西側の一員として対ソ抑止体制に組み込まれ、日本自身が断固たる防衛態勢をとっていた。冷戦期のソ連と現在の中国を比べた場合、根本的な違いは中国がリビジョニストであり大国間競争の対等な競争相手であると同時に、経済的には西側の重要なパートナーであり投資先であるということである。新型コロナウイルスの教訓を踏まえ、中国へのサプライチェーンの過度の依存は徐々に改善されていくであろうが、中国に対する外交政策の右手（経済政策）と左手（安全保障政策）を欧米以上にうまく使い分けねばならない日本の外交政策は、冷戦期のソ連に対する姿勢と比較したとき、西側諸国には弱腰と映ることは免れないであろう。

しかし、領土交渉に関して、冷戦時のソ連と現在の中国との間に差はない。相手が譲ることはなく、こちらが引けば必ず出てくる。不用意な譲歩は宥和へと転じる。中国海警局が中国中央軍事委員会の指揮を受けるようになってから、海警局船舶は尖閣諸島への管轄権行使の主張を一段と強めている。『超限戦』の区分に従えば、東シナ海の領土問題を解決する主たる手段は海警局であり、海軍は従属する役回りとなる。[*33] 安倍内閣になって改善されたとはいえ、尖閣諸島をめぐる我が国の対中対応は、基本的に中国が強く出るたびに譲歩する繰り返しであり、戦略的な好機を利用することなく、自ら地歩を狭めてきた。我が国にとって中国は重要な経済パートナーであるが、安全保障上は明らかに潜在的な脅威である。これを強く認識し、安全保障政策を守勢的から攻勢的な政策へと転換し、抑止態勢を改善していく必要がある。

第2は、中国を対等な競争者と見て対中政策を攻勢に転じた米国と協調し、日米同盟を基軸として価値観を同じくする国々との結びつきを強化していくことである。

日米間の協調は、米国政治中枢にある変数を除けば、自由で開かれたインド太平洋のコンセプトや価値観を共有できている。安全保障の連携は、官邸のリーダーシップと関係省庁の努力に加え、日米の戦略コミュニティの不断の努力が手伝って極めて緊密に維持されている。また、法の支配に基づく海洋秩序維持への共感の輪は、英国やカナダなど域外国に広がっている。中国の台頭によって米国の地域へのヘゲモニーは相対的に縮小しているが、我が国の外交政策には、米国を中心とする民主主義のコミュニティを出て、中国の権威主義的秩序の傘に入るという選択肢はない。

第3は、自衛隊の兵力組成を、戦略環境に適応させるようにリバランスすることである。ヨシハラが指摘するように、中国海軍と日米海軍の兵力組成を比較した場合、相手をアウトレンジして攻撃する能力について大きなギャップがある。中国海軍のアウトレンジ攻撃の主体は、弾道ミサイル、巡航ミサイルなど長射程ミサイルである。昨今はこれらに極超音速滑空兵器が加わり、日米の迎撃能力はさらに限定されるようになった。敵の攻撃を拒否する能力において、海上自衛隊の最大の弱点は防御装備の射程が短く手薄であり、ミサイルを発射するプラットフォームが攻撃に着手する前にアウトレンジ攻撃する手段を欠き、極超音速滑空兵器など最新技術への追随した技術イノベーションが遅れていることである。

他方で、限られた予算で効率的・効果的にミサイル・ギャップを埋めようとするならば、一部機能へ集中して投資するのではなく、捜索から指揮統制、攻撃に至る一連のシステムに機能的な欠落や弱点を作らない配慮が必要である。たとえば、イージス・アショアは我が国の防衛には極めて有効で非代替性の高い装備ではあるが、弾道ミサイル防衛という森の中の1本の木に過ぎず、弾道ミサイル防衛は各種ミサイル防衛という山の一部に過ぎない。イージス・アショアが中止となったことを好機に、弾道ミサイル防衛に関連する作戦の連なりがより健全かつ迅速に機能するよう、俯瞰して考えてみることは必要であろう。

ヨシハラは、防衛予算の大幅な増額が見込めない中でも、中国の偵察・打撃複合体の脅威に対して自衛隊の兵力組成を改善することは可能であると言う。ヨシハラが具体例としてあげるのは、対艦ミサイルの格好の標的になる可能性の高い「いずも」型ヘリコプター護衛艦やイージス護衛艦など多機能の大型艦に代えて、小型安価で単機能の艦艇を多数保有するオプションである。これは米軍が進めるモザイク戦の概念に一致する。モザイク戦は単一の機能を有する多種類のユニットを多数運用し、それぞれのユニットはあたかもモザイク画を構成するタイルの一部となり、1枚を失ってもモザイク画の全体は維持される、という作戦構想である。[*34] つまりヨシハラは、海上自衛隊の防衛力ポートフォリオを、モザイク戦と同様に少々の損害を吸収しつつ戦闘力を維持できる兵力組成へと転換することを提案している。

注意すべきは、モザイク戦の中でも大型多機能艦が不要にはならないことである。護衛艦は多機能を本質とする装備であり、平時からグレーゾーン、有事の幅広い時間軸の事態に活動する。有事のミサイル戦をもっぱらにする装備だけでは、平時からグレーゾーンの事態に適切に対応できない可能性が生じてしまう。他方で、敵の捜索を逃れるために小型化ステルス化し、スタンド・オフ攻撃能力を備えた多数の艦艇を散開する作戦が、接近阻止／領域拒否（A2／AD）環境で有効なことは事実であろう。また、このような装備が海上自衛隊の能力ポートフォリオに欠落していることも事実である。

第4は、ヨシハラが強調したように、中国共産党の意思決定プロセスに影響を与えることである。

ヨシハラは、中国に日清戦争で主力艦を喪失した痛みを思い出させる必要があるとして、平時から、日米海軍はより攻勢的な活動を中国沿岸海域でとることを推奨している。本書によれば、中国政府は、貴重な資源を投入して作り上げてきた大型艦を失うことを政治的に忌避するようになりつつある。

実際、中国は空母や巡洋艦、駆逐艦、揚陸艦など大型艦を続々と就役させ、1隻ごとの非代替性は日米海軍並みに高くなっている。東シナ海において、今まで日米は中国海軍の行動にリアクティブに行動する場面が多かったが、日中中間線を越えて黄海で合同訓練を実施するなどプロアクティブな活動をしなければ、北京の意思決定者にはメッセージとして届かない。また、潜水艦をより攻勢的に使用し、日米の潜水艦が常に中国大型艦艇の近傍に存在していることを、中国によく認識させることも効果が期待できるだろう。

時間は短いが日米同盟にはできることがある

5月末、本書を読んだ感想をトシ・ヨシハラにメールで知らせたところ、時をおかずに返事が届いた。メールの最後は「時間は短いかもしれないが、抑止力を強化するために（日米）同盟ができることは、まだたくさんあると信じます」と結ばれていた。

回復不可能な程度にまで落ち込みつつある我が国の海上防衛力をこのまま何もせずにおけば、不測の事態を迎えたときの代償は極めて高くつくことは間違いない。冷戦後の長い経済不況の中で縮減されていく防衛予算をやりくりし、掃海艇を代償にかろうじて必要最小限の防衛力を維持してきた海上自衛隊にとって、質量両面でドラスティックな転換には大きな勇気が必要である。人的資源の縮小という不可避な制約要因もある。

それでもなお、海上自衛隊の能力は、自ら軍事的な空白を作らないように、今そこにある脅威に対応できる体制への改善が急がれる。

そうしなければ、有事において国家と国民を守ることができなくなるばかりか、同僚の隊員たちをいたずらに窮地へと追い込むことになる。これは陸空自衛隊も同じである。強い政治のリーダーシップと国民の理解が求められる。

脚注

第1章

1 中国海軍の規模が米海軍を上回ったことに関する記事は次を参照。Andrew S. Erickson, "Numbers Matter: China's Three 'Navies' Each Have the World's Most Ships," The National Interest, February 26, 2018; China Power Team, "How is China modernizing its navy?" China Power CSIS, December 17, 2018; Steven Lee Myers, "With Ships and Missiles, China Is Ready to Challenge U.S. Navy in Pacific," The New York Times, August 29, 2018; David Lague and Benjamin Kang Lim, "Ruling the Waves: China's vast fleet is tipping the balance in the Pacific," Reuters, April 30, 2019; and Kyle Mochizuki, "China Now Has More Warships Than the U.S.," Popular Mechanics, May 20, 2019.

2 大日本帝国海軍の台頭については次を参照。David C. Evans and Mark R. Peattie, Kaigun: Strategy, Tactics, and Technology in the Imperial Japanese Navy 1887-1941 (Annapolis, MD: Naval Institute Press, 1997).

3 中国沿岸における大日本帝国海軍の優位性については次を参照。Hattori Satoshi and Edward J. Drea, "Japanese Operations from July to December 1937," in Mark Peattie, Edward Drea, and Hans Van De Ven, eds., The Battle for China: Essays on the Military History of the Sino-Japanese War of 1937-1945 (Stanford, CA: Stanford University Press, 2011), p. 160.

4 中国海軍の歴史については次を参照。Bernard D. Cole, The Great Wall at Sea: China's Navy in the Twenty-First Century, 2nd ed. (Annapolis, MD: Naval Institute Press, 2010), pp. 7-18.

5 See Richard A. Bitzinger, "China's Double-Digit Defense Growth: What It Means for a Peaceful Rise," Foreign Affairs, March 19, 2015.

6 See Richard J. Samuels, "Rich Nation, Strong Army" : National Security and the Technological Transformation of Japan (Ithaca, NY: Cornell University Press, 1994), pp. 34-42.

7 See Orville Schell and John Delury, Wealth and Power: China's Long March to the Twenty-First Century (New York: Random House, 2013).

8 See Xi Jinping's speech delivered at the 19th National Party Congress of the Communist Party of China on October 18, 2017, available at http://www.xinhuanet.com/english/special/2017-11/03/c_136725942.htm.

第2章

1 学術的研究（年代順）については次を参照。 Bernard D. Cole, The Great Wall at

Sea: China's Navy in the Twenty- First Century (Annapolis, MD: Naval Institute Press, 2010); Phillip C. Saunders, et. al., eds. The Chinese Navy: Expanding Capabilities, Evolving Roles (Washington, D.C.: NDU Press, 2012); David C. Gompert, Sea Power and American Interests in the Western Pacific (Santa Monica, CA: RAND, 2013); Robert Haddick, Fire on the Water: China, America, and the Future of the Pacific (Annapolis, MD: Naval Institute Press, 2014); Michael McDevitt, Becoming a Great "Maritime Power," : A China Dream (Arlington, VA: Center for Naval Analysis, 2016); Michael Fabey, Crashback: The Power Clash Between the U.S. and China in the Pacific (New York: Scribner, 2017); Andrew S. Erickson, ed. Chinese Naval Shipbuilding: An Ambitious and Uncertain Course (Annapolis, MD: Naval Institute Press, 2017); Ryan D. Martinson, Echelon Defense: The Role of Sea Power in Chinese Maritime Dispute Strategy (Newport, RI: Naval War College Press, 2018); Toshi Yoshihara and James R. Holmes, Red Star over the Pacific: China's Rise and the Challenge to U.S. Maritime Strategy, 2nd ed. (Annapolis, MD: Naval Institute Press, 2019).
報道（年代順）については次を参照。"Who rules the waves?" Economist, October 17, 2015; Seth Cropsey, "America can't afford to cede the seas," Wall Street Journal, May 14, 2018; Steven Lee Myers, "With Ships and Missiles, China is Ready to Challenge U.S. Navy in the Pacific," New York Times, August 29, 2018; and Robert Kaplan, "The coming era of U.S. security policy will be dominated by the Navy," Washington Post, March 3, 2019.

2 GDPデータについては次を参照。International Monetary Fund (IMF) World Economic Outlook Database, available at https://www. imf.org/external/pubs/ft/weo/2019/02/weodata/index.aspx.

3 軍事費データについては次を参照。SIPRI Military Expenditure Database, available at https://www.sipri.org/databases/milex.

4 Office of the Secretary of Defense, Annual Report to Congress: Military and Security Developments Involving the People's Republic of China 2019 (Washington, D.C.: U.S. Department of Defense, 2019), p. 24, available at https://media.defense.gov/2019/May/02/2002127082/-1/-1/1/2019_CHINA_MILITARY_POWER_REPORT.pdf.

5 Office of Naval Intelligence, The PLA Navy: New Capabilities and Missions for the 21st Century (Suitland, MD: Office of Naval Intelligence, 2015), pp. 15 and 19, available at http://www.oni.navy.mil/Portals/12/Intel%20agencies/China_Media/2015_PLA_NAVY_PUB_Print.pdf?ver=2015-12-02-081247-687.

6 See James E. Fanell and Scott Cheney-Peters, "The 'China Dream' and China's Naval Shipbuilding: The Case for Continued High-End Expansive Trajectory," in Andrew S. Erickson, ed. Chinese Naval Shipbuilding: An Ambitious and Uncertain

Course (Annapolis, MD: Naval Institute Press, 2016).

7 Rick Joe, "Predicting the Chinese Navy of 2030," The Diplomat, February 15, 2019.

8 International Institute for Strategic Studies, The Military Balance: The annual assessment of global military capabilities and defence economics (London: IISS, February 2020), pp. 279-283.

9 Figures 3 to 8 in this chapter are based on a database compiled from various sources by CSBA of PLAN and JMSDF composition, tonnage, missile arsenals, and personnel by year. Data on Chinese and Japanese fleet composition by year is drawn from annual editions of the International Institute for Strategic Studies (IISS)'s report, The Military Balance: The annual assessment of global military capabilities and defence economics. Data on Japanese and Chinese naval vessel characteristics, including numbers and types of missiles, VLS cells, and tonnage, is taken from IHS Janes' Fighting Ships and Weapons: Naval.

10 「主要水上戦闘艦艇」には、コルベット艦から巡洋艦、空母までの水陸両用でない水上戦闘艦艇が含まれる。「水上戦闘艦艇」とは、主要水上戦闘艦艇、哨戒艇および沿岸戦闘艦艇をいう。

11 この場合の「攻撃用ミサイル」には、対艦巡航ミサイル、地上攻撃巡航ミサイル、およびVLSセル内に格納されない将来の対艦弾道ミサイルが含まれる。

12 I thank Katsuya Tsukamoto for this insight.

13 The Type-052D destroyers carry the YJ-18 missiles, the Type-052C destroyers carry the YJ-62 missiles, the Type- 054A frigates carry the YJ-83 missiles, and the Type-056 corvettes carry the YJ-83 missiles. The Type-055 cruiser will be fitted with YJ-18 missiles. The YJ-62 and the YJ-83 have ranges of 120 and 65 nautical miles respectively. See Office of the Secretary of Defense, Annual Report to Congress: Military and Security Developments Involving the People's Republic of China 2019 (Washington, D.C.: U.S. Department of Defense, 2019), p. 37.

14 距離のミスマッチを是正するため、日本はスタンダード・ミサイル6（SM-6）対空ミサイルの調達と配備を計画している。ミサイルは改良型イージス艦「あたご」型2隻に搭載される。SM-6は対艦用に転用され、最大200海里の射程を持つと報じられている。距離差をどの程度縮め、海自の攻撃力を回復できるかは不透明である。SM-6の射程は、機密設定されていないものとは対照的に、実際の射程と日本が獲得するミサイルの数に大きく左右される。See Kosuke Takahashi, "Japan's Improved Atago-class to field SM-6 air-defence missiles," Jane's Defence Weekly, September 3, 2018.

15 レンハイ級巡洋艦に関する中国語の著作物の詳細な調査については次を参照。Daniel Caldwell, Joseph Freda, and Lyle Goldstein, China's Dreadnought?: The PLA Navy's Type 055 Cruiser and Its Implications for the Future Maritime

Security Environment (Newport, RI: U.S. Naval War College, February 2020).

16 I thank Katsuya Tsukamoto for this insight.

17 人員と充足率については次を参照。Japan Ministry of Defense, Defense of Japan 2019 (Tokyo: Japan Ministry of Defense, 2019), p. 539. Pam Kennedy, "How Japan's Aging Population Impacts National Defense," The Diplomat, June 28, 2017.

18 日本の人口動態の問題についてのメディアの報道については次を参照。Linda Seig and Ami Miyazaki, "The Japanese military is facing a serious recruitment crisis, and it's a huge problem as the country takes on new threats from China, North Korea," Reuters, September 19, 2018. Michael Peck, "The Japanese Military's Greatest Enemy Isn't China: But a shrinking population..." The National Interest, October 13, 2018.

19 I thank John Maurer for pointing out this historical parallel.

20 James Cable, Britain's Naval Future (Annapolis, MD: Naval Institute Press, 1983), p. 19.

21 山崎眞海将（退役),「注目の22DDHを考える」, 世界の艦船, 2009年9月号, 105ページ。

22 Toshi Yoshihara and James R. Holmes, Red Star over the Pacific, pp. 234-240.

23 See Thomas Shugart and Javier Gonzalez, First Strike: China's Missile Threat to U.S. Bases in Asia (Washington, D.C.: Center for New American Security, 2017).

24 I thank Evan Montgomery for raising this important point.

25 Andrew Erickson, "Shining a Spotlight: Revealing China's Maritime Militia to Deter its Use," The National Interest, November 25, 2018.

26 James Auer, The Postwar Rearmament of Japanese Maritime Forces, 1945-71 (New York; London: Praeger, 1973).

27 Peter J. Woolley, Japan's Navy: Politics and Paradox, 1971-2000 (Boulder; London: Lynne Rienner Publishers, Inc., 2000) and Euan Graham, Japan's Sea Lane Security, 1940-2004: A Matter of Life and Death? (London; New York: Routledge, 2006).

28 For an English-language study by Japanese scholars, see Naoko Sajima and Kyoichi Tachikawa, Japanese Sea Power: A Maritime Nation's Struggle for Identity (Canberra: Sea Power Centre, 2009).

29 Yoji Koda, "Strategy, Force Planning, and JS Hyuga," Naval War College Review 64, no. 3, Summer 2011, pg. 31-60 and Takuya Shimodaira, "The Japan Maritime Self-Defense Force in the Age of Multilateral Cooperation," Naval War College Review 67, no. 2, Spring 2014, pg. 52-68.

30 Alessio Patalano, Post-war Japan as a Sea Power: Imperial Legacy, Wartime

Experience and the Making of a Navy (London: Bloomsbury, 2015).

31 Alessio Patalano, "Japan as a Seapower: Strategy, Doctrine, and Capabilities under Three Defence Reviews, 1995- 2010," Journal of Strategic Studies 37, no. 3, 2014, pp. 403-441 and Alessio Patalano, "Seapower and Sino-Japanese Relations in the East China Sea," Asian Affairs 45, no. 1, 2014, pp. 34-54.

32 杨伯江［Yang Bojiang］, 日本蓝皮书: 日本研究报告（2017）: 日本海洋转型与中日关系［Blue Book of Japan: Annual Report on Research of Japan (2017): The Transformation of Japanese Maritime Strategy and Sino-Japanese Relations］（Beijing: Social Sciences Academic Press, 2017）.

33 王志坚［Wang Zhijian］, 战后日本军事战略研究［A Study of Postwar Japanese Military Strategy］（Beijing: Current Affairs Press, 2014）.

34 石宏［Shi Hong］, 日本军情［Japan's Military Situation］（Beijing: China Financial and Economic Press, 2014）.

35 华丹［Hua Dan］, 日本自卫队［Japan Self-Defense Force］（Xian, Shanxi: Shanxi People's Press, 2014）.

36 曹晓光［Cao Xiaoguang］, 深度解密: 日本海军［Decoded: The Japanese Navy］（Beijing: Tsinghua University Press, 2013）.

37 Zhao Lei, "World's largest shipbuilder unveiled following merger," China Daily, November 27, 2019.

38 Translations of Vice Admiral Yoji Koda's articles include: 高树和［Gao Shuhe, trans.］, "中国海军将赶超美国海军?［Will the Chinese Navy Surpass the U.S. Navy?］," 现代舰船［Modern Ships］, no. 23, 2018, pp. 35-39; 宏飞［Hong Fei, trans.］, "来自日本的观点: 中国水面作战力量的发展［From Japan's Perspective: The Development of China's Surface Combat Capabilities］," 舰载武器［Shipborne Weapons］, no. 12, 2018, pp. 44-52; and 陈娟［Chen Juan, trans.］, "海将谈日本防卫战略与护卫舰的发展［Admiral Discusses Japan's Defense Strategy and the Development of Escort Combatants］," 现代舰船［Modern Ships］, no. 6B, 2015, pp. 44-48.

39 Translations of works by Admirals Yamazaki, Yano, and Kobayashi respectively include: 杨雪丽［Yang Xueli, trans.］, "日本海上自卫队发展新动向［New Directions in the Development of Japan's Maritime Self-Defense Force］," 现代兵器［Modern Weaponry］, no.2, 2019, pp. 68-73; 高树和［Gao Shuhe, trans.］, "中国海军反潜能力分析［An Analysis of the Chinese Navy's Anti-Submarine Warfare Capabilities］, 现代舰船［Modern Ships］," no. 23, 2018, pp. 47-49; and 高树和［Gao Shuhe, trans.］, "日本潜艇推进锂电池缘何提前装艇［Why Lithium Batteries Were Installed on Japanese Submarines Ahead of Schedule］," 现代舰船［Modern Ships］, no. 3A, 2015, pp. 64-67.

40 高树和 [Gao Shuhe, trans.], 惊人的造船速度—中国海军现况及发展趋势 [Astonishing Shipbuilding Speed—Current State and Development Trends of the Chinese Navy], 现代舰船 [Modern Ships], no. 23, 2018, pp. 28-34.

41 For a summary of the value and limits of open source research, see Joel Wuthnow, "Deciphering China's Intentions: What Can Open Sources Tell Us?" Open Forum 7, no. 4, July-August 2019, available at http://www.theasanforum.org/ deciphering-chinas-intentions-what-can-open-sources-tell-us/?dat=. In reference to works by Chinese academics

and think tank experts, Wuthnow notes, "Used carefully, however, books, articles, and other written materials, and conversations with those who compose them, can help to interpret official policies, and in some cases can shed light on issues where the CCP has yet to render a verdict or is reconsidering existing policies."

42 For an excellent debate between China scholars on the art of weighing the authoritativeness of unofficial Chinese sources, see Lyle Goldstein, "How China Sees America's Moves in Asia: Worse Than Containment," The National Interest, October 19, 2014; Michael S. Chase, Timothy R. Heath, and Ely Ratner, "Engagement and Assurance: Debating the U.S.-China Relationship," The National Interest, November 5, 2014; and Lyle Goldstein, "The Great Debate: U.S.-Chinese Relations and the Future of Asia," The National Interest, November 10, 2014.

43 The Carnegie Endowment for International Peace compiles the background of key Chinese leaders, available at http:// www.chinavitae.com/index.php.

44 Katsuji Nakazawa, "Xi Jinping bids adieu to his fellow princelings," Nikkei Asian Review, November 27, 2017.

第3章

1 See Graham Allison, Destined for War: Can America and China Escape Thucydides's Trap? (Boston: Houghton Mifflin Harcourt, 2017) and Nicolas Berggruen and Nathan Gardels, "How the World's Most Powerful Leader Thinks," Huffington Post, January 21, 2014.

2 Wang Zhijian, A Study of Postwar Japanese Military Strategy, p. 195.

3 高兰 [Gao Lan], 冷战后美日海权同盟战略: 内涵, 特征, 影响 [U.S.-Japan Allied Seapower Strategy in the Post-Cold War Era: Content, Characteristics, and Influence] (Shanghai: Shanghai People's Press, 2018), p. 82.

4 Ibid., p. 83.

5 丁云宝 辛方坤 [Ding Yunbao and Xin Fangkun], "日本海权战略及其对中国的影响 [Japanese Seapower Strategy and Its Influence Upon China]," in 倪乐雄 [Ni

Lexiong, ed.], 周边国家海权战略态势研究 [Research on Seapower Strategies and Postures of Peripheral Countries] (Shanghai: Shanghai Jiaotong University Press, 2015), p. 29.

6 Ibid., p.30.

7 廉德瑰 金永明 [Lian Degui and Jin Yongming], 日本海洋战略研究 [Research on Japan's Maritime Strategy] (Beijing: Shishi Press, 2016), p. 45.

8 修斌 [Xiu Bin], 日本海洋战略研究 [Research on Japan's Maritime Strategy] (Beijing: China Social Science Press, 2016), pp. 149.

9 Ibid., p. 47.

10 全军军事学术管理委员会, 军事科学院 [Armed Forces Military Academic Management Committee, Academy of Military Science], 中国人民解放军军语 [China People's Liberation Army Military Terms], (Beijing: Academy of Military Science, 2011), p. 952.

11 Ibid., pp. 952-953.

12 刘宝银 杨晓梅 [Liu Baoyin and Yang Xiaomei], 环中国岛链—海洋地理, 军事区位, 信息系统 [Island Chains Surrounding China—Maritime Geography, Military Positioning, Information Systems] (Beijing: Haiyang Press, 2003), p. 17.

13 Ibid., p. 17.

14 段廷志 冯梁 [Duan Tingzhi and Feng Liang], "日本海洋安全战略: 历史演变与现实影响 [Japan's Oceanic Security Strategy: Historical Evolution and Actual Influence]," 世界经济与政治论坛 [Forum of World Economics and Politics], no. 1, 2011, p. 78.

15 刘宝银 杨晓梅 [Liu Baoyin and Yang Xiaomei], 西太平洋海上通道—航天遥感 融合信息 战略区域 [Maritime Passages in the Western Pacific—Space Remote Sensing, Information Fusion, and Strategic Positioning] (Beijing: Haiyang Press, 2017), p. 15.

16 杜景臣 [Du Jingchen, ed.], 中国海军军人手册 [Handbook for Officers and Enlisted of the Chinese People's Liberation Army Navy] (Beijing: Haichao Press, 2012), p. 95

17 史春林 [Shi Chunlin], "日本对中国太平洋航线安全的影响及中国对策 [Japan's Influence Upon China's Pacific Shipping Security and China's Response]," 中国海事 [China Maritime Safety], no. 11, 2012, p. 20.

18 Ibid., p. 20.

19 Ibid., p. 21.

20 Lian Degui and Jin Yongming, Research on Japan's Maritime Strategy, p. 216.

21 沈伟烈 [Shen Weilie], "琉球 岛链 大国战略 [Ryukyus, Island Chains, Great Power Strategy]," 领导文萃 [Leadership Literature], no. 5, 2006, p. 63.

22 张小稳 [Zhang Xiaowen], "近期美国升高西太平洋紧张局势的战略意图及其影响 [The Strategic Intentions Behind and Influence of Recent Heightening Tensions in the Western Pacific by the United States]," 东北亚论坛 [Northeast Asia Forum], no. 1, 2011, p. 55.

23 郭亚东 [Guo Yadong], "中国应抵制威胁论噪音 坚持打造深蓝海军 [China Must Resist the Noise of Threat Theory; Insist on Forging Blue-Water Navy]," 环球时报 [Global Times], May 5, 2010.

24 See, for example, 郭媛丹 高颖 任重 [Guo Yuandan, Gao Ying, and Ren Zhong], "中国航母编队突破第一岛链 日本战机紧 急升空 [Chinese Carrier Task Force Breaks Through the First Island China; Japanese Warplanes Scramble]," 环 球 时 报 [Global Times], December 26, 2016.

25 Zhang Hui and Guo Yuandan, "J-20, Y-20 aircraft train together, prove combat-readiness," Global Times, November 10, 2017.

26 Lian Degui and Jin Yongming, Research on Japan's Maritime Strategy, p. 210.

27 Edward J. Marolda, Ready Seapower: A History of the U.S. Seventh Fleet (Washington, D.C.: Naval History and Heritage Command, 2012), p. 115.

28 Toshi Yoshihara, "Chinese Views of the U.S.-led Maritime Order: Assessing the skeptics," in Joachim Krause and Sebastian Bruns, eds., Routledge Handbook of Naval Strategy and Security (London: Routledge, 2016), pp. 351-363.

29 廉德瑰 [Lian Degui], 日本的海洋国家意识 [Japan's Seapower Consciousness] (Beijing: Shishi Press, 2012), p. 33.

30 Gao Lan, U.S.-Japan Allied Seapower Strategy in the Post-Cold War Era, p. 144.

31 Ibid., p. 149.

32 Ibid., p. 151.

33 Xiu Bin, Research on Japan's Maritime Strategy, p. 28.

34 Ibid., p. 51.

35 倪乐雄 [Ni Lexiong], "中国海权战略的当代转型与威慑 [The Contemporary Transformation and Deterrence of China's Seapower Strategy]," in 倪乐雄 [Ni Lexiong, ed.], 周边国家海权战略态势研究 [Research on Seapower Strategies and Postures of Peripheral Countries] (Shanghai: Shanghai Jiatong University Press, 2015), p. 2.

36 Ding Yunbao and Xin Fangkun, "Japanese Seapower Strategy and Its Influence Upon China," p. 25.

37 束必铨 [Shu Biquan], "日本海洋战略与日美同盟发展趋势研究 [Development Trends of Japan's Maritime Strategy and the U.S.-Japan Alliance]," 太平洋学报 [Pacific Journal] 19, no. 1, January 2011, p. 96.

38 Xiu Bin, Research on Japan's Maritime Strategy, p. 149.

39 Lian Degui and Jin Yongming, Research on Japan's Maritime Strategy, p. 54.

40 Ibid., p. 334.

41 刘华 [Liu Hua], "日本海洋战略的政策特点及其制约因素: 以日本介入南海问题为例 [The Policy Characteristics and Constraints of Japanese Maritime Strategy: Japan's Intervention in the South China Sea as a Case Study]," in 杨伯江 [Yang Bojiang, ed.] 日本蓝皮书 日本研究报告 (2017) [Blue Book of Japan: Annual Report on Research of Japan (2017)] (Beijing: Social Science Academic Press, 2017), pp. 88-98.

42 Lian Degui and Jin Yongming, Research on Japan's Maritime Strategy, p. 154.

43 章明 [Zhang Ming], "日本海上自卫队巡航南海行动评析 [An Analysis of Japan Maritime Self-Defense Force's Patrol Operations in the South China Sea]," 现代兵器 [Modern Weaponry], no. 11, 2016, p. 18.

44 何劲松 [He Jinsong], "美印日演兵孟加拉湾剑指何方? [Who is the U.S.-India-Japan Military Exercises in the Bay of Bengal Directed At?]," 当代海军 [Navy Today], no. 8, 2017, pp. 58-59.

45 悬崖 [Xuan Ya], "中国海军镜头中的美日印 "马拉巴尔-2018" 海上联演 [The U.S.-Japan-India "Malabar-2018" Joint Maritime Exercises Through the Lens of the Chinese Navy]," 舰载武器 [Shipborne Weapons], no. 9, 2018, p. 12-13.

46 Underscoring the seriousness with which Beijing treats the security of the Malacca Strait, China's Ministry of Transport maintains and issues official alert levels for shipping passing through the strait. See Chu Daye, "China raises alert for Malacca Strait as regional tensions threaten global shipping lines," Global Times, July 4, 2019. I thank Jim Fanell for this insight.

47 Ding Yunbao and Xin Fangkun, "Japanese Seapower Strategy and Its Influence Upon China," p. 28. For a conceptual assessment of how China's dependence on sea lines of communication, America's military capacity to disrupt those sea lanes, and "an oil-driven security dilemma" could influence Sino-American competition, see Charles Glaser, "How Oil Influences U.S. National Security," International Security 38, no 2, Fall 2013, pp. 112-146. I thank Evan Montgomery for pointing out this article.

48 Ibid., pp. 39-40.

49 张继业 [Zhang Jiye], "日本海上通道安保政策的强化及其影响 [The Strengthening

and Impact of Japan's Sea Lane
Security Policies]," 国际问题研究 [International Studies], no. 6, 2018, p. 3.

50 Xiu Bin, Research on Japan's Maritime Strategy, p. 148-149.

51 Ryuichi Yamashita and Yuichi Nobira, "JMSDF vessel sails for Middle East to ensure safety of Japanese ships," Asahi Shimbun, February 2, 2020.

52 Lian Degui and Jin Yongming, Research on Japan's Maritime Strategy, p. 174.

53 Toshi Yoshihara and James R. Holmes, Red Star over the Pacific, pp. 101-102.

54 Lian Degui, Japan's Seapower Consciousness, p. 9.

55 Ibid., p. 25.

56 明治18年に時事新報に掲載された無署名の社説。この社説の由来はまだ論争中であるが、もっとも広く著者として認められているのは、近代日本の創始者、福沢諭吉である。

57 Xiu Bin, Research on Japan's Maritime Strategy, p. 60 and Lian Degui and Jin Yongming, Research on Japan's Maritime Strategy, p. 40.

58 Lian Degui, Japan's Seapower Consciousness, p. 27.

59 Ding Yunbao and Xin Fangkun, "Japanese Seapower Strategy and Its Influence Upon China," p. 36.

60 马千里 [Ma Qianli], "日本新海洋安全战略中的对台政策 [Taiwan Policy Within Japan's New Maritime Security Strategy]," 太平洋学报 [Pacific Journal], 20, no. 4, April 2012, p. 97.

61 Gao Lan, U.S.-Japan Allied Seapower Strategy in the Post-Cold War Era, p. 121.

62 Ibid., p.120.

63 For a summary of the influence of these early seapower advocates, see Lian Degui and Jin Yongming, Research on Japan's Maritime Strategy, pp. 33-39.

64 刘怡 [Liu Yi], "佐藤铁太郎与日本海上战略的奠基 [Sato Tetsutaro and the Foundations of Japanese Maritime Strategy]," 现代舰船 [Modern Ships], 6B, 2008, p. 13.

65 Ibid., p. 14.

66 刘怡 [Liu Yi], "佐藤铁太郎与日本海上战略的奠基 [Sato Tetsutaro and the Foundations of Japanese Maritime Strategy],"
现代舰船 [Modern Ships], 7B, 2008, p. 10.

67 Toshi Yoshihara and James R. Holmes, Red Star over the Pacific, pp. 123-128.

68 冯梁 [Feng Liang], 亚太主要国家海洋安全战略研究 [Research on Maritime Security Strategies of Main Countries in the Asia-Pacific] (Beijing: Shijie Zhishi

Press, 2011), p. 73.

69 马千里 [Ma Qianli], "日本新海洋安全战略中的对台政策 [Taiwan Policy Within Japan's New Maritime Security Strategy]," 太平洋学报 [Pacific Journal] 20, no. 4, April 2012, p. 97.

70 李强华 [Li Qianghua], "历史与现实: 中日海权战略之比较 [History and Reality: A Comparison of Chinese and Japanese Seapower Strategies]," 太平洋学报 [Pacific Journal] 20, no. 5, May 2012, p. 92.

71 Ibid., p. 98.

72 Huntington believed that Japan developed a distinctive civilization that had descended in part from Chinese civilization. While the Chinese experts documented in this study contend that Japan's national character would drive Tokyo to counterbalance Beijing, Huntington argued that Japanese civilization would incline Japan to bandwagon with a rising China. See Samuel P. Huntington, The Clash of Civilizations and the Remaking of World Order (New York: Simon and Schuster, 1996), pp. 236-237.

第4章

1 Gao Lan, U.S.-Japan Allied Seapower Strategy in the Post-Cold War Era, p. 119.

2 Ibid., p. 126.

3 Ibid., pp. 126-129.

4 Xiu Bin, Research on Japan's Maritime Strategy, p. 147.

5 Lian Degui and Jin Yongming, Research on Japan's Maritime Strategy, pp. 55-131.

6 Ibid., p. 329.

7 李秀石 [Li Xiushi], "日本海洋战略对中国的影响与挑战 [Japan's Maritime Strategy and Its Influence on and Challenge to China]," 学术前沿 [Academic Frontier], no. 7, 2012, p. 60.

8 Keeping the accumulated data safe from hostile powers would also be an important requirement for China. I thank Jim Fanell for this observation.

9 李秀石 [Li Xiushi], "日本海洋战略的内涵与推进体制—兼论中日钓鱼岛争端激化的深沉原因 [The Concept and Implementing System of Japan's Maritime Strategy —A Discussion of the Underlying Reasons for the Intensification of the Sino-Japanese Diaoyu Island Dispute]," 日本学刊 [Japan Studies], no. 3, 2013, pp. 67-68.

10 Xiu Bin, Research on Japan's Maritime Strategy, pp. 151-152.

11 Ibid., pp. 42-46.

12 Tang Dongfeng, "Latest Trends in the Development of Weaponry and Equipment in the Navies of China's Neighboring Countries," Modern Navy, November 2009.

13 何萍 [He Ping], "日本海上自卫队反潜作战能力综述 [A General Survey of Japan Maritime Self-Defense Force's Anti-Submarine Warfare Capabilities]," 现代军事 [Contemporary Military], no. 7, 2013, pp. 58-59.

14 刘江平 [Liu Jiangping], "日本: 从未消失的 '航母梦' [Japan: The "Carrier Dream" that Never Disappeared]," 海洋世界 [Ocean World], no. 10, 2009, pp. 65-66.

15 杜朝平 [Du Chaoping], "海上自卫队大整编及其队亚太安全的影响 [The Maritime Self-Defense Force's Major Reorganization and Its Influence on Asia-Pacific Security]," 舰载武器 [Shipborne Weapons], no. 5, 2008, p. 16.

16 刘江平 [Liu Jiangping], "获准 "随时出海" 后的日本海上自卫队新动向 [New Directions of Japan Maritime Self-Defense Force After Gaining Permission to "Go to Sea Anytime."]," 当代海军 [Modern Navy], no. 9, 2009, p. 31.

17 张跃 [Zhang Yue], "日本下水第一艘AIP潜艇 [Japan Launches Its First AIP Submarine]," 兵器知识 [Ordnance Knowledge], no. 2, 2008, p. 54.

18 章明 [Zhang Ming], "日本海上自卫队27DD宙斯盾导弹驱逐舰详解 [A Detailed Look at Japan Maritime Self-Defense Force's 27DD Aegis Destroyer]," 现代兵器 [Modern Weaponry], no. 6, 2018, pp. 44-45.

19 Lian Degui and Jin Yongming, Research on Japan's Maritime Strategy, p. 211. While the authors trace China's naval activism to 2008, the Chinese navy's sorties beyond the first island chain to the Philippine Sea began as early as 2007. See Christopher H. Sharman, China Moves Out: Stepping Stones Toward a New Maritime Strategy (Washington, D.C.: National Defense University Press, 2015), pp. 13-17.

20 Xiu Bin, Research on Japan's Maritime Strategy, p. 160.

21 华丹 [Hua Dan], 隐藏之刃: 日本自卫队 武器 [The Hidden Blade: Japan Self-Defense Force and Weapons] (Xian, Shanxi: Shanxi People's Press, 2018), p. 136.

22 Ibid., p. 136.

23 华丹 [Hua Dan], 无刃之刀: 日本自卫队 [A Bladeless Sword: Japan Self-Defense Force] (Xian, Shanxi: Shanxi People's Press, 2016), p. 119.

24 周明 李巍 [Zhou Ming and Li Wei], 日本自卫队: 东瀛之刀 [Japan Self-Defense Force: The Japanese Sword] (Shanghai Academy of Social Science Press, 2015), p. 123.

25 Hua Dan, A Bladeless Sword, p. 118.

26 Hua Dan, The Hidden Blade, p. 176.

27 Zhou Ming and Li Wei, Japan Self-Defense Force: The Japanese Sword, p. 98.

28 Hua Dan, The Hidden Blade, p. 183.

29 Lian Degui and Jin Yongming, Research on Japan's Maritime Strategy, p. 211.

30 王凯 [Wang Kai], "评出云级直升机驱逐舰 [A Review of Izumo-Class Helicopter Destroyer]," 舰载武器 [Shipborne Weapons], no. 5B, 2016, p. 78. For a claim that Chinese aerial early warning aircraft boast superior processing power to those of their American counterparts, see Liu Xuanzun, "Chinese AEW aircraft 50 percent more efficient than those used by US: report," Global Times, July 7, 2019.

31 Lian Degui and Jin Yongming, Research on Japan's Maritime Strategy, p. 211.

32 阎路 [Yan Lu], "走马观花看日向 [A Superficial Investigation of the Hyuga]," 舰载武器 [Shipborne Weapons], no. 2, 2008, p. 59.

33 The JMSDF completed three 9,000-ton Osumi-class dock landing ships in the early 2000s, followed up with two 14,000-ton Hyuga-class carriers, and culminated with two 19,500-ton Izumo-class carriers.

34 问苍茫 [Wen Cangmang], "关于出云号与加贺号护卫舰 [On the Izumo and Kaga Escort Destroyers]," 舰载武器 [Shipborne Weapons], no. 11B, 2015, p. 37.

35 海华 [Hai Hua], "日本迈向新航母的关键一步 [Japan Takes Key Step Towards New Carrier]," 舰船知识 [Naval and Merchant Ships], no. 11, 2009, p. 45.

36 高海青 闻舞 [Wu Haiqing and Wen Wu], "引人注目的22DDH [The Striking 22DDH]," 环球军事 [Global Military], no. 223, June 2010, p. 51.

37 曹晓光 [Cao Xiaoguang], "日本22DDH直升机母舰 [Japan's 22DDH Helicopter Carrier]," 兵器知识 [Ordnance Knowledge], no. 8A, 2010, p. 48.

38 方正 [Fang Zheng], "日本直升机航母如何变身 [How To Transform Japan's Helicopter Carrier]," 舰载武器 [Shipborne Weapons], no. 6, 2018, pp. 48-51.

39 银河 [Yin He], "从日本直升机驱逐舰看起未来航母的发展 [The Future of Carrier Development Based on Japan's Helicopter Destroyer]," 舰载武器 [Shipborne Weapons], no. 9, 2015, p. 52.

40 Ibid., p. 49.

41 小鹰 [Xiao Ying], "日向/出云级作战方式想定和反制措施 [Operational Concepts for the Hyuga- and Izumo-Class Carrier and Countermeasures Against Them]," 舰船知识 [Naval and Merchant Ships], no. 9, 2018, p. 90.

42 李小白 [Li Xiaobai], "F-35B上舰带给我们那些威胁与启示? [What Kinds of Threats and Messages Does The F-35B Bring to Us?]," 现代舰船 [Modern Ships], no. 3, 2019, p. 30.

43 刘昱 [Liu Yu], "中国航母编队能弹压日本"出云"号么? [Can China's Carrier

Fleet Suppress Japan's Izumo?]," 现代舰船 [Modern Ships], no. 6, 2017, pp. 43-47.

44 この判断は対潜戦の作戦の歴史的記録と一致する。このような捜索破壊作戦は、第一次世界大戦と第二次世界大戦のいずれにおいても船団護衛と比較するとあまり効果がなかった。このような洞察を与えてくれたJohn Maurerに感謝する。

45 Hua Dan, The Hidden Blade, pp. 200-201.

46 Ibid., p. 205.

47 For an excellent study on Japanese thinking about defending the straits against the Soviet fleet, see Alessio Patalano, "Shielding the 'Hot Gates': Submarine Warfare and Japanese Naval Strategy in the Cold War and Beyond (1976- 2006)," Journal of Strategic Studies 36, no. 1, December 2008, pp. 859-895.

48 Hua Dan, The Hidden Blade, p. 207.

49 Ibid., p. 188.

50 张馨怡 [Zhang Xinyi], "中日水下战力比拼 [Comparison in Sino-Japanese Undersea Combat Power]," 舰载武器 [Shipborne Weapons], no. 5B, 2016, p. 67.

51 Hua Dan, The Hidden Blade, p. 212.

52 Ibid., p. 210.

53 亚尔古水手 国之雪风 [Yaergu Shuishou and Guozhi Fengxue (pseudonyms)], "信天翁望不见的海 [The Seas That Albatross Cannot See]," 现代舰船 [Modern Ships], no. 15, 2017, pp pp. 38-60.

54 See, for example, Toshi Yoshihara, "The 1974 Paracels Sea Battle: A Campaign Appraisal," Naval War College Review69, no. 2, Spring 2016, pp. 41-65.

55 See Thomas G. Mahnken, Ross Babbage, and Toshi Yoshihara, Comprehensive Coercion: Competitive Strategies
Against Authoritarian Political Warfare (Washington, D.C.: Center for Strategic and Budgetary Assessments, 2018).)

56 亚尔古水手 [Yaergu Shuishou (pseudonym)], "辽宁VS出云推演 [Rehearsing Liaoning vs. Izumo]," 现代舰船 [Modern Ships], no. 3, 2019, pp. 44-53.

57 Ibid., p. 52

第5章

1 For an assessment of how Deng's formulation relates to Chinese strategy, see Aaron L. Friedberg, A Contest for Supremacy: China, America, and the Struggle for Master in Asia (New York: W. W. Norton & Company, 2011), pp. 142-155.

2 Feng Liang, Research on Maritime Security Strategies of Main Countries in the

Asia-Pacific, p. 73.

3 See Michelle FlorCruz, "China's Communist Party Newspaper Releases Video Game 'Kill the Devils' With Japanese War Criminals," International Business Times, February 28, 2014. For a thoughtful reflection on China's massive parade in 2015 to commemorate the 70th anniversary of Japan's surrender in WWII, see Alec Ash, "China's Military Parade Doesn't Speak the Language of its Youth," Foreign Policy, September 2, 2015.

4 Ding Yunboo and Xin Fangkun, "Japanese Seapower Strategy and Its Influence Upon China," pp. 40-41.

5 For language of the 1960 U.S.-Japan Security Treaty, see Article V, available at https://www.mofa.go.jp/region/n- america/us/q&a/ref/1.html.

6 In addition to military personnel, 42,000 dependents, 8,000 Department of Defense civilian employees, and 25,000 Japanese workers are integral to the U.S. basing arrangements in Japan. See United States Forces Japan website, available at www.usfj.mil/About-USFJ/.

7 I thank John Maurer for encouraging me to consider histolical anologies.

8 I thank June Teufel Dreyer for raising this important possibility.

9 Lian Degui and Jin Yongming, Research on Japan's Maritime Strategy, p. 211.

10 See Mark Gunzinger and Bryan Clark, Winning the Salvo Competition: Rebalancing America's Air and Missile Defenses (Washington, D.C.: Center for Strategic and Budgetary Assessments, 2016).

11 I thank Tom Mahnken for suggesting this historical example.

12 During the Battle of Tsushima, Russia lost thirty-one ships out of a fleet of thirty-eight ships and suffered significant casualties, including nearly 5,000 dead and 6,000 captured. See Ronald H. Spector, At War at Sea: Sailors and Naval Combat in the Twentieth Century (New York: Viking, 2001), pp. 1-21.

13 See, for example, 吴胜利 [Wu Shengli], "深刻吸取甲午战争历史教训坚定不移走经略海洋维护海权发展海军之路 [Learn Profound Historical Lessons from the Sino-Japanese War of 1894-1895 and Unswervingly Take the Path of Planning and Managing Maritime Affairs, Safeguarding Maritime Rights and Interests, and Building a Powerful Navy]," 中国军 事科学 [China Military Science], no. 4, August 2014, pp. 1-4. Admiral Wu Shengli was formerly the commander of the Chinese navy.

14 I thank Tom Mahnken for suggesting this historical example.

15 I thank John Maurer for suggesting this historical example.

16 Thomas G. Mahnken, Travis Sharp, Billy Fabian, and Peter Kouretsos, Tightening the Chain: Implementing a Strategy of Maritime Pressure in the Western Pacific (Washington, D.C.: Center for Strategic and Budgetary Assessments, 2019).

17 See, for example, John Lehman, Oceans Ventured: Winning the Cold War at Sea (New York: W.W. Norton and Company, 2018), pp. 187-194.

監訳者あとがき

1 Jung H. Pak, "Trying to loosen the Linchpin：China' s approach to South Korea", Global China, July 2020, p1, https：//www.brookings.edu/wp-content/uploads/2020/07/FP_20200606_china_south_korea_pak_v2.pdf.

2 白石隆は、アジアには歴史的に「海のアジア」と「陸のアジア」があり、日本は韓国、台湾、香港、フィリピン、マレーシア、インドネシア、シンガポールなど、海洋性の国々とともに海のアジアを形成していると言った。一方で、沿岸部を除く中国を陸のアジアと呼んだ。白石隆『海の帝国』中公新書、2009年9月25日。

3 平松茂雄『甦る中国海軍』勁草書房、1991年11月25日、168-169頁。

4 米国がイラク戦争の泥沼から抜け出せずにいた2005年、フェイス国防次官は、中国は戦略的な分岐点strategic crossroadに立っている。これからも我々と経済発展と繁栄を継続していきたいのなら、独善的な経済政策をやめ、我々の交通規則rule of roadに従えと語った。また、ゼーリック国務副長官は、中国はすでに経済的にも軍事的にも大国であり、責任ある利害関係者responsible stakeholderとして相応の行動をとらなければならないと語った。Robert B. Zoelick, Deputy Secretary of State, "WhitherChina: From Membership to Responsibility?", Remarks to National Committee on U.S.-China Relations, U.S. Department of States Homepage, September21,2005.,
https://2001-2009.state.gov/s/d/former/zoellick/rem/53682.htm. Under Secretary of Defense, Douglas Feith, "Transcript: Defense Under Secretary Says China Faces Strategic Crossroads", Washington file, https://wfile.ait.org.tw/wf-archive/2005/050218/epf504.html.

5 平山茂敏「中国潜水艦のインド洋進出」『海上自衛隊幹部学校戦略研究会』2014年10月26日。 https://www.mod.go.jp/msdf/navcol/SSG/topics-column/col-054.html.

6 Khanh Vu, "Vietnam protests Beijing's sinking of South China Sea boat", Reuters, April 4, 2020, https://www.reuters.com/article/us-vietnam-china-southchinasea/vietnam-protests-beijings-sinking-of-south-china-sea-boat-idUSKBN21M072.

7 「潜没潜水艦の動向について」防衛省、2020年6月20日。河野太郎防衛大臣は2020年6月23日の閣議後の会見で「防衛省としては、こうした情報に加え、これまで得られた様々な情報を総合的に勘案して、この潜水艦は中国のものであると推定しているところでございます。」と述べている。「令和2年6月23日（火）河野防衛大臣閣議後会見/動画版①」『防衛省報道資料』、2020年6月23日。https://www.mod.go.jp/j/press/kisha/2020/0623a.html.

8 Ryan Hass, "Clouded thinking in Washington and Beijing on COVID-19 crisis", BROOKINGS, May 4, 2020, https://www.brookings.edu/blog/order-from-chaos/2020/05/04/clouded-thinking-in-washington-and-beijing-on-covid-19-crisis/.

9 Budapest Memorandum on Security Assurances、1994年12月5日にハンガリーのブダペストで開催された欧州安全保障協力機構（OSCE）会議で署名された政治協定書で、ベラルーシ、カザフスタン、ウクライナが核不拡散条約に加盟したことに関連して、協定署名国がこの3国に安全保障を提供するという内容。

10 General Assembly Security Council, "Letter dated 7 December 1994 from the Permanent Representatives of the Russian Federation, Ukraine, the Kingdom of Great Britain and Northern Ireland and the United States of America to the United Nations address to the Secretary-General – ANNEX I",
https://www.securitycouncilreport.org/atf/cf/%7B65BFCF9B-6D27-4E9C-8CD3-CF6E4FF96FF9%7D/s_1994_1399.pdf.

11 「対ロ経済制裁　ウクライナ侵攻で発動」『日本経済新聞』、2017年1月30日、https://www.nikkei.com/article/DGXKZO12284610Q7A130C1NN1000/.

12 ロシアは憲法改正のための国民投票を行い賛成78%で成立した。新憲法には「領土割譲に向けた行為や呼びかけを許さない」との条項がある。この条項は国境画定には除くとされているが領土交渉の困難化が指摘されている。「プーチン体制、「信任」で自信」『日本経済新聞』、2020年7月3日。

13 「香港安全法が成立」『産経新聞』2010年7月1日。

14 「香港「国安法」で初逮捕」『日本経済新聞』、2020年7月2日。

15 木原雄士、羽田野主「香港国安法施行1週間 違反10人のDNA採取」『日本経済新聞』

16 「香港国家安全立法について知っておくべき六つの事実」中華人民共和国駐日本国大使館、2020年6月10日。http://www.china-embassy.or.jp/jpn/zgyw/t1788307.htm.

17 「対中制裁 米議会を通過」『産経新聞』2020年7月4日。

18 法案の要点は次を参照。SEN, Jim Inhofe and SEN. Jack Reed, "The Pacific Deterrence Initiative: Peace Through Strength in the Indo-Pacific", War On The Rocks, May 28, 2020. https://warontherocks.com/2020/05/the-pacific-deterrence-initiative-peace-through-strength-in-the-indo-pacific/. Megan Eckstein, "House, Senate Defense Bills Differ In Approach to Indo-Pacific Security, But Stress Region's Importance", USNI News, June 30, 2020. https://news.usni.org/2020/06/30/house-senate-defense-bills-differ-in-approach-to-indo-pacific-security-but-stress-regions-importance.

19 Australian Government Department of Defense, 2020 Force Structure Plan, July 1, 2020. https://www.defence.gov.au/StrategicUpdate-2020/docs/2020_Force_Structure_Plan.pdf

20 一言剛之「中国が豪州に「報復」連発…コロナ発生源の調査求められ、食肉輸入停止で対抗か」『読売新聞』2020年5月13日、https://www.yomiuri.co.jp/world/20200513-OYT1T50065/.

21 「麻生外務大臣演説「自由と繁栄の弧」をつくる」外務省ホームページ、2006年11月30日。https://www.mofa.go.jp/mofaj/press/enzetsu/18/easo_1130.html.

22 平松茂雄『中国の安全保障戦略』勁草書房、2005年12月15日、222-225頁。

23 武居智久「海上防衛戦略の新たな時間と空間」『海幹校戦略研究』2016年11月（特別号）、10頁。

24 リンダ・ヤーコブソン、ディーン・ノックス著、岡部達味監修『中国の新しい対外政策』岩波現代文庫、岩波書店、2011年3月16日、98頁。

25 益尾知佐子『中国の行動原理』第3版、中公新書、中央公論新社、2020年2月15日、223－267頁。

26 益尾知佐子『中国の行動原理』第3版、中公新書、中央公論新社、2020年2月15日、292-293頁。

27 国際通信社「コマンド・ザ・ベスト」第9号『アジアン・フリート』、2007年8月1日、https://commandmagazine.jp/other/best/009/index.html.

28 亚尔古水手 国之雪风, "信天翁望不见的海," 现代舰船 [Modern Ships], no. 15, 2017, pp.38-60.

29 第4章のシナリオに文献上の特色はあったが、この章に登場する"analyst"の訳語を他の章と同様に「アナリスト」とした。

30 喬良、王湘穂『超限戦』共同通信社、2001年12月17日、282-283頁。

31 喬良、王湘穂『超限戦』、211頁。

32 武居智久「多重債務化するインド太平洋地域の海洋安全保障」『海幹校戦略研究』2018年1月（7－2）、18-21頁。

33 喬良、王湘穂『超限戦』、207-208頁。

34 遠藤友厚「CSBAが"Mosaic Warfare（モザイク戦）"のレポートを発表―AIと自律システムの軍事的将来像―」トピックス078、海上自衛隊幹部学校ホームページ、2020年4月21日。https://www.mod.go.jp/msdf/navcol/SSG/topics-column/078s.html. CSBAのモザイク戦のレポートは次を参照。Bryan Clark, Dan Patt, Harrison Schramm, MOSAIC WARFARE, CSBA, February 11, 2020. https://csbaonline.org/uploads/documents/Mosaic_Warfare_Web.pdf.

◉著者プロフィール

トシ・ヨシハラ　Toshi Yoshihara

米国シンクタンクCSBA上席研究員、中国海洋戦略研究専門家、
米政策研究機関「戦略予算評価センター（CSBA）」上級研究員。
米海軍大学戦略学教授を長年務め、中国の海洋戦略研究で米有数の権威とされる。日系米人。台湾育ちで中国語が堪能。アジア太平洋研究所ジョン・A・ヴァン・ビューレン議長、タフツ大学フレッチャー法律外交大学院、カリフォルニア大学サンディエゴ校国際政策戦略学部、米空軍大学戦略部の客員教授を歴任。現在、ジョージタウン大学外交大学院でインド太平洋のシーパワーについて教鞭を執っている。近著にジェームズ・R・ホームズとの共著『Red Star over the Pacific:China's Rise and the Challenge to U.S.Maritime Strategy（Naval Institute Press、2019）」の第2版がある。2016年、米海軍大学での海軍・戦略に関する学識が認められ、海軍功労文民賞を受賞。日本で出版された著書に『太平洋の赤い星』（バジリコ）、『人口から読み解く国家の興亡』（ビジネス社）などがある。

◉監訳者プロフィール

武居智久（たけい・ともひさ）

元海上幕僚長、三波工業株式会社特別顧問。昭和32年長野県生まれ。防衛大学校卒業（23期）、筑波大学大学院地域研究研究科修了（地域研究学修士）、米国海軍大学指揮課程卒。海幕防衛部長、大湊地方総監、海幕副長、横須賀地方総監を経て 平成28年に海上幕僚長で退官（海将）。翌年から米国海軍大学教授兼米国海軍作戦部長特別インターナショナルフェロー。令和2年3月から現職。

Special Thanks to Mr.Yoshihisa Komori

中国海軍 VS. 海上自衛隊

2020年10月1日　第1刷発行

著　者　　トシ・ヨシハラ
監訳者　　武居 智久
発行者　　唐津 隆
発行所　　株式会社ビジネス社
〒162-0805　東京都新宿区矢来町114番地 神楽坂高橋ビル5階
電話　03(5227)1602　FAX　03(5227)1603
http://www.business-sha.co.jp

印刷・製本　大日本印刷株式会社
〈カバーデザイン〉大谷昌稔
〈本文組版〉茂呂田剛(エムアンドケイ)
〈営業担当〉山口健志
〈編集担当〉本田朋子

ISBN978-4-8284-2216-9